JN163533

世界の電気料金を比べてみたら

電力小売自由化研究ノート

一般社団法人 海外電力調査会［編］

日本電気協会新聞部

はじめに

2016年の4月から、電力の小売全面自由化が始まります。小売全面自由化に向け、各電力会社や新規参入の小売電気事業者が、続々と新しい料金メニューやサービスを発表していることから、みなさんの関心も高まっていることと思います。

一方で海外に目を向ければ、欧州では1990年代前半から、米国でも1990年代後半からと、日本より20年以上早く電力の小売全面自由化がスタートしており、今日まで様々な料金メニューやサービスが生まれています。しかしながら、選択の幅が飛躍的に拡大する一方で、思ったよりも電気料金が安くならなかったり、メニューがありすぎて消費者が混乱したり、悪質な勧誘が行われたりといった自由化によるマイナスの側面も見られます。日本でもこうした状況が起こることは十分考えられます。

本書は、多くの選択肢が生まれる小売全面自由化の時代に、先行する海外の事例を紹介することで、電力会社を選択する際の参考にして欲しいという思いから執筆したものです。時に専門的で、難しい部分もあるかもしれませんが、世界にはどのような電気料金メニューがあるのか、どうすれば自分に合った電気料金メニューを探すことができるのか、どのような点に注意して契約すべきなのかなど、世界の電気料金や小売自由化の実情を分析していますので、電力会社や料金メニューを検討する際の一助としていただければ幸いです。

一方、電気を販売する側の電力会社、小売電気事業者のみなさんにおかれては、世界の先行例を知り、さらに多様な料金メニューやサービスを提供することが、消費者の選択肢を広げることにもつながります。小売電気事業者のみなさんにも、ぜひ海外の事例を参考にしていただければと思います。

2016年2月24日

一般社団法人　海外電力調査会

JEPIC小売自由化研究会

目次 世界の電気料金を比べてみたら 電力小売自由化研究ノート

地図 自由子の電力小売自由化世界地図

第3章 海外にみる様々な電気料金メニュー

第4章 海外に学ぶ電力会社の賢い選び方

第5章 自由化先進国にみる問題点と対策

第6章 電力ビジネスの新しい動き

第7章 欧米電力会社の生き残り戦略

第8章 海外にみる小売自由化の成果と課題

付録 電力小売自由化インフォメーション

・本書で紹介した料金メニューやサービスについて、特に注記のない場合は2016年2月現在のものです。
・為替換算については、特に注記のない場合は2016年1月末時点のレートを使用しています。

『世界の電気料金を比べてみたら』

登場人物紹介

自由子
春からの大学進学を機に、一人暮らしを始める予定の18歳

ケイト
自由子の家にホームステイ中の英国人留学生（大学生）

ジョージ
ケイトの留学生仲間。米国テキサス州出身（大学生）

カール
ケイトの留学生仲間。ドイツ出身（大学生）

お父さん
自由子の父。貿易会社勤務

第1章

電力の小売自由化とは？

1 家庭でも電力会社が選べるように

2016年4月から「電力の小売全面自由化」が始まり、誰もが、自由に、電力会社を選べる時代となります。

2015年10月8日、経済産業省は、家庭向けに電気を販売する「小売電気事業者」の第1号として40社を登録しました。その後、登録事業者は増え続け、2016年1月末現在では148社が登録されています。これらの事業者が、それぞれ異なる料金メニューを作成するとなると、非常にたくさんの選択肢が生まれることになります。あまりに多様な選択肢に、どの会社と契約をするか、頭を悩ませてしまう方もいるのではないでしょうか。

図1-1 複数の電力会社を比較して電気を購入できるようになる

今回実施される電力の小売全面自由化は、電力システム改革のひとつと位置づけられています。電力システム改革とは、東日本大震災、そしてその後に起きた電力不足などをきっかけとして、これまでの電力業界の仕組みを見直そうという動きのことです。

電力システム改革は3段階で進められることになっており、第1弾として2015年4月に全国の電気の流れを管理する組織「電力広域的運営推進機関」が設立され、第2弾として2016年4月からの「電力の小売全面自由化」と「ライセンス制の導入」が行われます。そして、東京電力、関西電力など、地域ごとにある10の大手電力会社から、変電所や送電線を保持するネットワーク部門（送配電部門）を、別の会社として分離独立させる「送配電部門の法的分離」が第3弾として2020年に実施されることになっています。

電力システム改革の概要

第1弾　電力広域的運営推進機関の設立（2015年4月）
第2弾　小売全面自由化、ライセンス制導入（2016年4月）
第3弾　送配電部門の法的分離（2020年4月）

電力システム改革の第2段階に当たる電力の小売全面自由化ですが、小売自由化自体は、実は2000年からスタートしています。当初は特別高圧と呼ばれる契約電力2,000kW以上の大規模な工場やオフィスなどに限られていましたが、その後、自由化対象範囲は徐々に拡大し、2016年1月現在では、コンビニエンスストアなど、契約電力50kW以上の高圧契約で電気の供給を受ける需要家まで自由化されている状況です。このように市場の一部を自由化することを部分自由化といいます。

ただし、小規模商店や家庭など、低圧（契約電力50kW未満）

で供給を受ける需要家に関しては選択の自由がなく、東京に住んでいる人は東京電力、大阪に住んでいる人は関西電力というように、地域ごとに決められた電力会社が、責任をもって電気を送るという仕組みになっています。今回の全面自由化によってこの仕組みが変わり、家庭でも好きな電力会社と自由に契約できるようになるわけです。

なお、電力の小売全面自由化と同時に、一般電気事業者（大手電力会社）や高圧契約を対象に電力小売を行っている特定規模電気事業者（新電力）といった従来の電気事業法による事業区分が見直され、ライセンス制が導入されます。ライセンス制では、電気事業の機能ごとに発電事業、送配電事業、小売事業に分け、そ

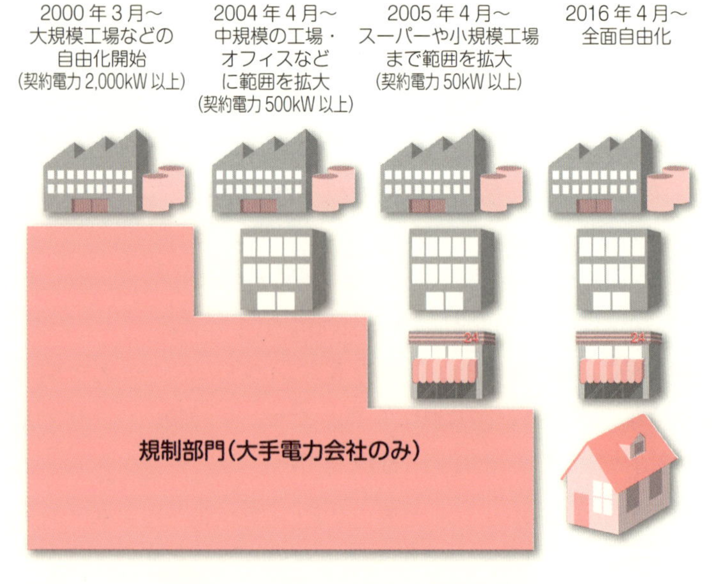

図1-2　これまでの自由化範囲の進展

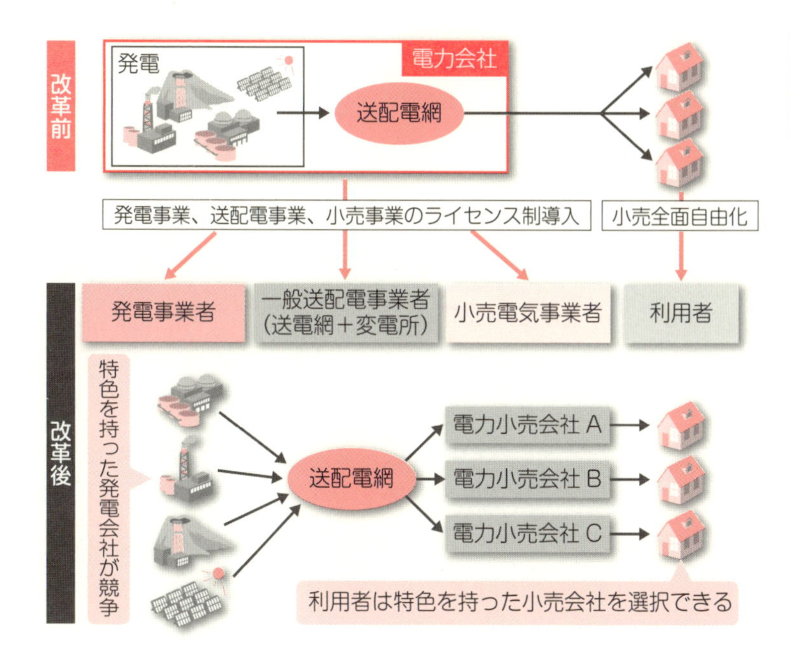

図1-3　電力システム改革第2弾の概要

れぞれの事業を営む事業者にライセンスが付与されることになります。

小売全面自由化を控え小売電気事業者は、新たなサービスや料金メニューを続々と発表しています。しかし、すでに小売事業が自由化されている海外諸国の例を見ると、今後さらに多種多様なサービスが生まれてくる可能性があります。

今回の電力の小売全面自由化を機に、どんな電力会社があるのか、どんな料金メニューがあるのか、どのようなサービスがあるのかなど、みなさんも自分に合った最適なプランを検討してみてはいかがでしょうか。

2 電力会社を選べるようになると何が起きる？

2-1 ライフスタイルに合わせて最適な料金メニューが選択できる

電力の小売全面自由化によって電力会社を自由に選べるようになれば、自分に合った最適な料金メニューやサービスを選べるようになります。今までは地域の大手電力会社が提供する限定されたメニューの中から選択せざるを得ませんでしたが、「とにかく料金を安くしたい」「ポイントをためたい」「再生可能エネルギーで発電された電気を使いたい」「夜しか家にいない」「夏にはそれほど電気を使わない」「休日には家にいることが多い」「ペットを飼っているから一日中エアコンをつけている」といった各自のニーズや、ライフスタイルに合わせて、これまでにないような多様な選択肢の中から、自分に合った最適な料金メニューやサービスを選べるようになるでしょう。

一方で、メニューを検討するに当たっては、数多くの電力会社を調べなければならず、大変な手間となる場合があります。そのため小売電気事業者はメニューをしっかりと理解してもらえるよう、ホームページをより見やすく、わかりやすいものへと修正していくでしょう。また、会社をまたいで複数の料金メニューを検索できるウェブサイトや普段電気をどのくらい使っているのかなどのデータを基に契約のアドバイスを行うサービスなどが今後拡大していくでしょう。

先行して自由化されている高圧契約では、代理店を通して複数の特定規模電気事業者（新電力）から一括して見積もりをもらうことができます。

2016年4月から自由化される家庭向けの低圧契約についても一括見積もりや、既存の料金比較サイトのようなサービスが始まります。家電価格の比較で有名な「価格.com」や、エネルギーに特化した「エネチェンジ」といったサイトが、全面自由化に向けてすでにサービスを開始しています。

また、携帯電話やガスの販売店、住宅販売店、家電量販店、スーパーなどが代理店となり、電気の申し込み受け付けを行うことも予想されます。実際に小売事業に新規参入する携帯電話大手のKDDIやソフトバンクは、auショップやソフトバンクショップなどのそれぞれの携帯電話を取り扱う店舗で、電気の申し込み受け付けを始めています。こうしたサイトやサービスを活用しながら、自分に合った料金メニューを検討できるようになります。

図1-4　料金比較サイトなどを使って自分に合った料金プランを見付けよう

2-2 電力会社の競争が激しくなる

電力の小売全面自由化は、既存の大手電力会社にとっても大きなターニングポイントです。今まで地域のすべての家庭向けに電気を供給してきた大手電力会社は、全面自由化後を見据え様々な料金メニューの開発や新たなサービスの実施を検討し、発表しています。

たとえば東京電力は、通信会社やガス会社などとの提携に加え、TポイントやPontaといった共通ポイントと交換できるサービスを導入します。また、関西電力は、子会社を通じて、すでに自由化部門向けに首都圏で電力販売を実施していますし、関西圏を手始めに通信と電気のセット販売も別の子会社を通じて実施します。

一方で、約8兆円という巨大な市場が開放されるということもあり、通信会社やガス会社、石油会社などを中心に、電力小売市場への新規参入が相次いでいます。例えば石油最大手のJXエネルギーはKDDIと提携し「ENEOSでんき」というブランドにより小売事業に参入します。また、私鉄大手の東京急行電鉄は、東急パワーサプライという会社を設立し、沿線に住む人々を中心に手頃な料金設定で電力の販売を行います。さらには、インターネットによる多数のサービスを展開する楽天は、丸紅と提携し、ネットショッピングサイト「楽天市場」の出店者向けに電力の販売を実施し、出店料を割り引くサービスなどを行うとしています。

地域の活性化につながるとして、自治体が電力を販売する動きもあります。福岡県みやま市は「みやまスマートエネルギー」という会社を地元金融機関などと立ち上げ、市内の大規模太陽光発電所や各住宅に設置された太陽光パネルから電力を調達し、住民向けに大手電力会社よりも2%程度安く販売するとしています。

これ以外にも、鳥取市と鳥取ガスによる「とっとり市民電力」、群馬県中之条町と発電・小売電気事業者のF－POWERによる「中之条電力」など、各地で業界の垣根を超えた提携の動きがみられます。

このように、小売電気事業者が自由化に向けて活発な動きを見せています。特に国内最大のマーケットである首都圏では、多くの小売電気事業者が参入し、選択の幅は大きく広がります。

こうした首都圏での競争がきっかけとなって、電力業界は戦国時代へと突入していくのではないでしょうか。

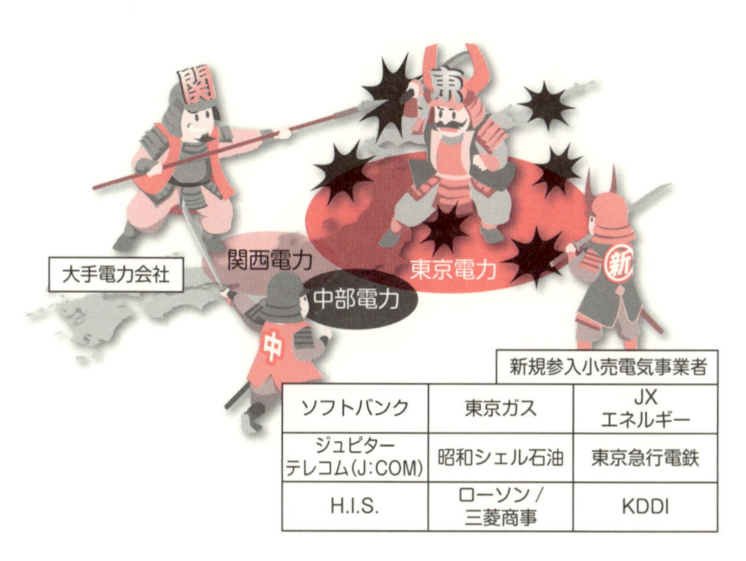

図1-5　首都圏での競争状況

3 電力小売全面自由化とそれを実現する仕組み

電力自由化とは、一般的に電気事業を発電、送配電、小売と機能別に分けて、発電と小売の分野に新規参入を認めるというものです。

発電部門は、すでに様々な企業が参入しており、小売部門についても高圧契約までは自由化されている状況ですが、今回の小売全面自由化では、対象となる需要家が日本で暮らすほとんどすべての人に広がるため、その人々が必ず電気を使えるよう様々な仕組みが整えられています。

なお送配電部門は、今回の電力システム改革で大手電力会社から分離され、一般送配電事業者として中立性を保たせることになっています。

3-1 電気は必ず供給される仕組みになっている

◉小売電気事業者が販売する電気を集められなかったら

新規参入の小売電気事業者の中で、発電所を持つ事業者は少ないと考えられますが、小売電気事業者には販売する分の電気を確保する義務（供給能力確保義務）が課されています。しかしながら、例えば夏のたくさん電気を使う昼間の時間帯で、もし、契約した小売電気事業者が販売する電気を集められなかったとしたら、いったいどうなるのでしょうか。

もちろん「足りないのでエアコンを使うのを我慢してください」「停電します」となるわけではありません。足りない分は一般送配電事業者が補てんする仕組み（インバランス制度）を備えているため、こうした事態でも普段と同じように電気が使えます。電気は重要なライフラインなので、電気を使うに当たって利用者に不都合がないように制度が設計されているのです。

もともと小売電気事業者は国の審査を受けて、販売のライセンスを得なければなりませんが、この段階でどのように販売する電気を集めるか、最大でどのくらいの電気が必要かなど、しっかりチェックされます。

◉小売電気事業者が急に電気を販売できなくなったら

契約した電力会社が倒産したり、小売電気事業から撤退したとしても、実際には電気を引き続き使うことができます。実は、電気の契約には「最終供給保障サービス」というものがあり、全面自由化後、電力会社の切り替え（スイッチング）を行い契約した小売電気事業者が倒産したとしても、当面の間、大手電力会社の小売部門から従来の一般的な家庭用料金メニューである従量電灯料金（規制料金）で、電気が買えることになっています。なお、この制度は、全面自由化から一定期間が経過し、競争が進んだと判断されると規制料金が撤廃されるため、最終供給保障サービスは、一般送配電事業者が提供することになります。

海外ではこの制度のことを「ラストリゾート」と呼んでおり、詳しくは第5章で紹介します。

3-2 自由化をサポートする仕組み

◉スイッチング支援システム

電力会社との電気の契約を変更する際にも新たな仕組みが導入

されます。電力ビジネスを展開する事業者間のシステムを共通化することで、情報をスムーズにやり取りできるようにし、また小売電気事業者の切り替え手続きを簡単にします。この仕組みをスイッチング支援システムといいます。

携帯電話の会社変更など、通常サービスを受ける会社を変更する際は、契約を行う会社と契約を終了する会社の両方に連絡をすることが多いと思います。しかし、電力会社の切り替えでは、このスイッチング支援システムの仕組みによって、新たに契約する電力会社へ申し込みをすれば、それまで契約していた電力会社の解約手続きもできてしまいます。契約変更が1回の連絡だけで済むため、手続きも簡単になります。

また、「契約を変更するとどう料金が変わるのだろう」と相談したい場合にも、スイッチング支援システムが役立ちます。小売電気事業者はこのシステムを使って、スイッチングを検討している需要家の同意のもと、契約情報や過去の電気の使用量といった必要な情報を取得できます。その情報によって、需要家は、契約に関してより実態に合った適切なアドバイスが受けられるようになります。このシステムは電力広域的運営推進機関が運用することになっています。

◉スマートメーター

どの料金メニューにするかを決めるには、いつ、どの時間に、どのくらいの電気を使っているかという情報が非常に重要です。これを知るにはスマートメーターの設置が有効です。スマートメーターを設置すると、30分単位で使用した電気の量を自動的に計測し、通信機能で一般送配電事業者や家庭内へデータを送ることができるようになります。

みなさんは、ご自宅の電力量計（メーター）の検針に来た人を見かけたことはありませんか。従来のメーターでは、実際に検針員がその数字をチェックしないと、どのくらい電気を使っているのかわかりません。ですから電気料金の計算には、毎月、検針員が直接訪問してメーターの数字を記録しています。これがスマートメーターになれば、通信機能でデータが送られるので、電力会社は検針に出向く必要がなくなります。また家庭内への通信機能もあるので、HEMS（Home Energy Management System：スマートメーターのデータを活用し家庭単位のエネルギーを管理するシステム）などの専用の機器を設置すれば、家の中で自分がどれだけ電気を使っているかを知ることもできます。

全面自由化となって、電気の契約を切り替えようという場合は、原則としてスマートメーターの設置が必要となります。まだスマートメーターが設置されていない場合は、切り替え先の小売電気事業者へ申し込みを行った後、設置工事が行われることとなります。また、HEMSを導入する場合についても、スマートメーターの設置が必要となります。

このスマートメーターは、一番早い東京電力で2020年度中にすべての家庭に導入するとしています。全面自由化後は大手電力会社の送配電部門（一般送配電事業者）がその設置を担当します。なお、設置費用は原則無料です。

自由子の１章メモ

電力小売全面自由化について

- 電力システム改革は3段階で行われる。
- 小売全面自由化は第2段階。
- 電力会社は電気の流れに沿って、発電、送配電、小売に分けられる。
- 電力会社を切り替えることをスイッチングという。
- 電気は必ず供給される（インバランス・最終供給保障）。
- 小売電気事業者の切り替えには原則スマートメーターが必要。

電力システム改革の最大の目玉が小売全面自由化なんだよ

第2章

世界の電力小売自由化事情

1 電力自由化の歴史

電気事業は大きな発電所から送電線や配電線を通じて電気を供給するため、最初に設備をつくる際に莫大な資金が必要となります。もし自由競争下で、同じ需要家に複数の電力会社が争って供給することになると、電線などの設備が重複し非効率になるという観点から、多くの国で、政府または独占的な企業が実施主体として事業を展開してきました。

日本では、明治時代の創業期こそ小規模な民間の電力会社が多数参加していましたが、その後、企業集中が進み、大手5社に集約されました。さらに第2次世界大戦中の国家統制を経て、戦後は地域独占、発電から小売までを一括管理する垂直統合型の10電力体制で経済発展を支えてきました。

社会基盤を支える事業として、世界的に規制されていた電気事業ですが、規制緩和の動きが登場したのは1970年代です。

米国では1970年代の2度の石油危機以降に、電力会社以外の会社による発電事業への参入が認められるようになりました。

欧州では、1990年に英国で始まった国有企業の民営化、1993年の欧州連合（EU）誕生をきっかけとして、規制緩和の動きが広まりました。1996年にはEU電力自由化指令について合意が成立。その後、2003年、2009年と3次にわたる指令により、EU全域で電力自由化が進みました。

電力自由化とは、以下の3つが主な内容で、段階的に行われるのが一般的です。

電力自由化の流れ

①発電事業への新規の電力会社の参入を認める
②新規参入の電力会社が送配電線を既存の電力会社と同じ条件で使用できるようにする（オープンアクセス）
③小売自由化する

電力自由化の中でも最も進んだ形となる小売自由化は欧州が先行しています。1990年の英国、1991年のノルウェー、1996年のスウェーデン、1998年のドイツと続きました。その他のEU諸国についても2003年のEU電力指令で、2007年7月までに家庭部門を含めた小売全面自由化が義務付けられ、現在では、後から加盟した一部の国を除き、実施されています。

一方、米国では、1997年にロードアイランド州で大口需要家を対象とする小売自由化がスタートし、翌1998年にはカリフォルニア州や北東部の州が続きましたが、現在では、全面自由化州は13州とワシントンD.C.で、その数は限られています。

今では、欧米だけでなく、中国やフィリピン、インドなどのアジアの国々や、本書の中でも登場するオーストラリアやニュージーランドでも、小売自由化を含む電気事業改革が検討されたり、行われたりしています。

日本の場合はどうでしょうか。

日本では、東京・銀座で日本初の電灯がともった明治の半ば（1882年）から現在にいたるまで、第2次世界大戦中の一時期を除き、民間企業が一貫して電気事業を担ってきました。

1990年以降は、世界の自由化の動きを反映して、1995年には発電部門の自由化がスタート。2000年から小売部門の部分自由化が始まりました。その後、東日本大震災を契機に、小売全面自由化を含む電力システム改革が行われることになりました。そして2016年4月より、小売全面自由化が実施されます。

では、どのくらいの国や地域で小売自由化が行われているのでしょうか。少し、世界を俯瞰してみましょう（表2-1）。

EU加盟諸国はEU電力自由化指令に従って小売全面自由化を法制化しているため、国によって進展度の差はあれ、制度的にはほとんどすべての国で全面自由化を実施しています。

北米は、電力小売自由化が最も早く始まったものの、州ごとに進展度は異なるようです。これはオーストラリアもそのようです。なお、ニュージーランドは国全体で全面自由化しています。

アジアにおける小売全面自由化の進展状況は、日本がトップバッターとなります。

一方、中南米は様々、中東は進行中、アフリカはまだそれ以前の状況、ロシアは部分自由化といえるようですが、NIS諸国（旧ソ連諸国）の自由化は進んでいません。

次節からは、もう少し詳しく各国の電力小売自由化の歴史と状況を見てみましょう。

表2-1　電力小売自由化の地域別分析

地域	状況
北米（米国、カナダ）	連邦制のため、州ごとに政策を決定しており、ひとつの国の中で小売全面自由化、部分自由化、自由化していない地域（州）がある
欧州	EU指令に従って、すべての国で全面自由化を法制化。ただし、後からEUに加盟した東欧などでは制度面での整備が追い付かず、実質的に独占状態の国もある
オセアニア	自由化が比較的進んでいる。オーストラリアは連邦制のため、北米と同じく、ひとつの国の中で小売全面自由化、部分自由化、自由化していない地域（州）がある。ニュージーランドは全面自由化している
アジア	小売自由化しているのは日本、シンガポール。まだ全面自由化している国はなく、日本が2016年4月に全面自由化するとアジア初となる。中国は現在のところ小売自由化していないが、将来的に自由化を目指している
中南米	電気事業の規制緩和が進められているが、小売全面自由化、部分自由化、自由化していない国とさまざま
中東	電気事業は国営企業が中心だが、電力の安定供給が確保され、市場価格に基づく電気料金を採用している一部の国では、将来的な小売自由化を目指して、発送電分離や民営化などの改革を実施している
アフリカ	小売自由化している国はない。経営赤字を抱える中、地方電化を進める電気事業者が多く、規制緩和を行う以前の状態
ロシア&NIS諸国	電気事業制度や制度改革は、いわゆる欧米式の規制緩和と異なるため分類はしづらいが、少なくともロシアは部分自由化と言える状態。それ以外の国は小売自由化はしていない

［出所］海外電力調査会調べ

2 米国の電力小売自由化事情

2-1 州ごとに異なる自由化への対応

米国でも日本と同じように電気事業は長らく独占事業として規制されていましたが、自由化へと舵を切る転機となったのは1970年代の2度の石油危機です。

これをきっかけにエネルギーコストの引き下げ圧力や環境意識が高まり、1978年に成立したPURPAと呼ばれる「公益事業規制政策法」で、電力会社はコージェネレーションや小規模な再生可能エネルギーの発電所から電気を購入することが義務付けられました。これにより規模の小さな発電事業へのビジネスチャンスが広がり、1990年代初めまでに日本でいえば一般家庭1,800万軒に相当する約6,000万kWの発電所が全米で建設されました。これが後の独立系発電事業者（IPP）となり、産業基盤をつくり上げました。IPPとは従来型の電力会社のように送配電線の保有や小売は行わず、発電のみ専業で行う事業者のことです。

1992年には「エネルギー政策法」により、卸電力市場の自由化が行われ、IPPは全米のどこでも自由に発電事業に参入することが認められました。さらに、1996年に連邦エネルギー規制委員会（FERC）が発令した「オーダー888」によって送電線が開放され、IPPは既存の電力会社と同じ条件で送電線を利用できるようになり、発電会社の競争に弾みがつきました。

こうした動きの背景には地域間の料金格差の問題がありました。電気料金が最も高い州と最も低い州の格差は、家庭用で2.8倍、産業用で3.4倍。この格差是正が、米国における小売自由化の動

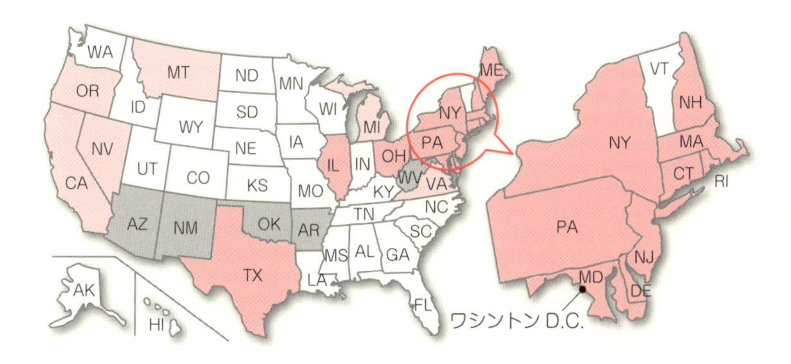

全面自由化実施州：13 州＋ワシントン D.C.
テキサス、イリノイ、オハイオ、メリーランド、ペンシルベニア、デラウェア、ニュージャージー、ニューヨーク、コネティカット、ロードアイランド、マサチューセッツ、ニューハンプシャー、メーン、ワシントン D.C.

部分自由化実施州：6 州
オレゴン、カリフォルニア、ネバダ、モンタナ、ミシガン、バージニア

自由化中断・廃止州：5 州

非自由化州：26 州

［出所］海外電力調査会調べ

図2-1　米国における電力の小売自由化の状況（2016年2月現在）

機となったのです。

前節でも述べましたが、1997年にロードアイランド州で大口需要家を対象とする小売自由化がスタート。翌1998年にはカリフォルニア州や北東部の州が続きました。

ただ、米国の場合、自由化するかしないかの判断は州によって異なります。1990年代後半には米国全体で電力小売市場を自由化することを目的とした法案が連邦議会に提出されたことがありましたが、州・地域によって電力事情が異なることから、結局、審議未了のまま廃案となりました。州レベルでも多くの州が小売自由化について検討はしたものの、電気料金がもともと低かった州

の大部分は、検討だけで実施に至りませんでした。2000年から2001年にかけて発生したカリフォルニア電力危機の影響もあり、自由化はそれ以降進んでいません。自由化を行わない州では現在も、垂直統合型の電力会社による地域独占供給体制を維持しています。

2015年末現在、全米50州のうち、家庭用市場を含めた全面自由化を実施しているのは13州およびワシントンD.C.です。大口の商工業需要家だけを対象とした部分自由化を実施している州も6州あります。

米国の電力小売自由化州では、ほとんどが従来型の大手電力会社を発電会社と送配電会社（小売事業含む）に分け、新しく参入した小売会社を選択しない需要家について、送配電会社に規制料金による供給義務を課しました。この場合、小売供給のための電力は州規制当局の監督の下、競争入札により市場から調達され、調達コストはそのまま小売料金に転嫁されています。ただし、送配電会社の収益源はあくまで送配電線における託送サービスで、小売供給の利益は上乗せされていません。送配電会社が小売事業に参入する場合は、系列の小売会社を設立する必要があります。

なお、テキサス州は全面自由化に当たり、電力会社を発電会社、送配電会社、小売会社に分け、小売事業はあくまでも小売会社が行う制度となっています。米国の自由化に当てはめてみると、日本はテキサス州型といえます。

2-2 テキサス州 小売自由化の中でも高い評価

全面自由化州の中で最も競争が機能している州として評価されているのはテキサス州です。市場に参入した小売会社数、小売会社の提供する料金メニューやサービスの種類、小売会社の変更率などで、トップを誇ります。

テキサス州において、小売自由化がスタートした2002年1月から2014年12月末までの期間、家庭用需要家向けの小売会社数は当初の10社程度から53社まで増大しました。小売会社によって提供される料金メニューやサービスの数についても増加しており、州北部のダラス市地域を例に取ると、価格比較サイトに提示されるものだけで、当初の10件程度から、今や314件までに増えました。テキサス州で提供される主な料金メニューやサービスとしては、固定型料金（固定期間は3カ月から36カ月）、変動型料金、時間帯別料金、電気自動車を所有している人向けの料金、再生可能エネルギーを利用したグリーン電力料金、様々な割引サービス、定額料金、前払い料金などが挙げられます。

同じ期間において、家庭用需要家の新規小売会社への変更率はテキサス州全体で64%へと増加の一途をたどり、米国の自由化州の中で第1位となっています。

自由化によって電気料金が下がったかというと、必ずしも明確な評価はできません。なぜならば、テキサス州では自由化開始から5年間、既存電力系小売会社の電気料金も新規の小売会社の電気料金も州の主要発電燃料である天然ガスの価格変動の影響を受け変動していたからです。天然ガス価格がピークとなった2008年以降、シェールガスの増産もあって天然ガス価格が低下し、電気料金も低下傾向を示しています（図2-2）。

テキサス州と他の全面自由化州の最も大きな相違点は、既存の電力系小売会社にとどまる需要家向けの小売供給義務と規制料金の問題です。

テキサス州の場合、既存電力会社は自由化の際に発電会社、送配電会社、小売会社に分社化され、すべての需要家は一度、分社化された電力系小売会社に移管されました。電力系小売会社にとどまる需要家に対しては、2006年末まで規制料金による供給義務がありました。それ以後は供給義務と規制料金が撤廃され、すべて自由料金となっています。

テキサス州の場合、需要家に対する最終供給保障（ラストリゾート）サービスの提供者は、規制当局により各配電会社区域、需要種別ごとに小売会社が指定されています。一般に、ラストリゾート料金は割高に設定されており、当該需要家が速やかに新たな小売会社を見つけるまでの暫定的なサービスと位置付けられています。

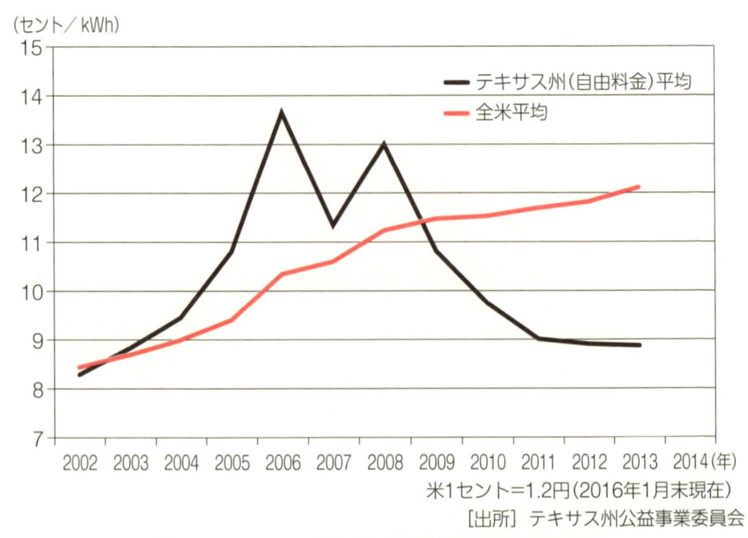

米1セント=1.2円(2016年1月末現在)
[出所] テキサス州公益事業委員会

図2-2 テキサス州の家庭用電気料金単価の推移

2-3 カリフォルニア州電力危機で小売自由化中断

カリフォルニア州は、電気料金が高かったこともあり、1990年代初頭から州電気事業の再編を検討し始め、先発州のひとつとして1998年4月から電力小売市場の自由化を開始しました。これにより州内3私営電力会社であるパシフィック・ガス&エレクトリック（PG&E)、サザン・カリフォルニア・エジソン（SCE)、サンディエゴ・ガス&エレクトリック（SDG&E）の需要家は、新規小売会社から電力を購入することが可能となりました。

しかし、2000年の夏、天然ガス価格の高騰や猛暑による電力需要の急増、需要を賄うための供給力不足など様々な要因が重なった上、独立系発電会社側も意図的に供給力を抑制したため、卸電力価格が高騰。3私営電力会社は必要な電力をすべて卸電力市場で購入することを義務付けられていたため、当然ながら需要家が支払う電気料金も高騰しました。また、十分な供給力を確保できないPG&Eなどの電力会社は、輪番停電を実施せざるを得ない状況に追い込まれました。また、冬季には州全域におよぶ輪番停電が実施されました。

電力危機下の2001年2月、州議会で「緊急対策法」が成立。資金がショートしている電力会社に代わって州水資源局（DWR）が電力を購入することや、家庭用電気料金を凍結すること、小売自由化を一時中断することが定められました。

この小売料金の凍結措置により財務状態が一気に悪化した会社も出てきました。2001年4月、同州私営電力大手の一社、PG&Eは経営悪化から連邦破産法第11章（日本の会社更生法に相当）の適用を申請し、経営破綻。カリフォルニア州公益事業委員会（CPUC）は、緊急対策法に基づき、同年9月から新規の小売自由化を一時中断し、実質、元の地域独占に戻りました。この電力危機の裏には、エンロン（Enron）を代表とするエネルギー取引会社による価格吊り上げを意図した不正取引があったことも、後に明らかになっています。世界が注目する中で進められてきたカリフォルニア州の電力自由化ですが、制度設計の失敗に不運も重なり、歴史的な電力危機を招いてしまいました。

これにより、米国の他州における電力自由化の動きは止まりました。しかし、カリフォルニア州ではその後、一部で小売自由化一時中断の解除と小売競争の再開を求める動きが起こり、検討作業が進められました。2009年10月、緊急対策法で定めた枠組みを見直すことを目的とした「料金支払い者保護法」が成立。同法に基づき、2010年4月から家庭用以外の商業用および産業用需要家は再び小売会社の選択が可能となりました。ただし、自由化枠に上限が設定されており、2014年末現在、販売電力量に占める新規小売会社のシェアは12.9%となっています。

2-4 マサチューセッツ州 小売会社を選択した家庭は2割にとどまる

米国北東部に位置するマサチューセッツ州は小売自由化先発州のひとつで、カリフォルニア州と同時期の1998年3月から小売自由化がスタートしました。2014年末現在、マサチューセッツ州の総販売電力量に占める自由料金の需要家のシェアは、家庭用17.9%、中小商工業用53.0%、大口商工業用87.9%、市場全体では54.8%となっています。

供給先を変えない需要家も依然多いのですが、こうした需要家向けには、送配電会社（旧電力会社の送配電部門）が小売供給サービスを提供しています。このサービスには、当初、価格上限規制が適用されていましたが、2005年2月の終了後は、発電会社から競争入札で電力を調達し提供しています。商業用需要家については3カ月ごと、家庭用需要家については6カ月ごとに電力調達を行っています。価格上限規制撤廃後、価格の大幅上昇が問題となったメリーランド州やイリノイ州と異なり、マサチューセッツ州は軽微な影響に留まりました。

州規制当局は小売市場の更なる競争促進や需要家保護を図るため、市場の実態調査を実施するとともに様々な改善策を講じています。

2-5 イリノイ州
規制料金撤廃後、料金上昇が社会問題に

イリノイ州は1999年10月から大口需要家を対象に段階的に小売自由化を開始し、2002年5月、全面自由化に移行しました。

マサチューセッツ州と同様、小売会社を選択せず、送配電会社にとどまる需要家向け電気料金には凍結措置が取られていましたが、2006年末にその措置が終了すると、料金は大幅に上昇、社会問題化しました。州政府や議会、事業者の間で議論が紛糾しましたが、結局、2007年8月、向こう4年間、家庭用料金を総額10億ドル値下げするとともに、コムエド（コモンウェルス・エジソン：Commonwealth Edison）およびアメレン・イリノイ（Ameren Illinois）など州内配電会社の電力調達を監督する州電力庁を創設することで決着しました。

こうした経緯ののち、2011年7月に小売会社の料金比較サイトが設定されたことをきっかけに、低調だった家庭用市場が動き出

しました。2011年末から2012年末までの1年間だけで小売会社を変更した家庭用需要家数は、26万2,000軒から173万5,000軒へと6.6倍も増大しています。この間に、州電力最大手の配電会社であるコムエド管内では、家庭用需要家の小売会社変更率が6.6%から40.9%に急上昇しました。

競争の急拡大に重要な役割を果たしたと言われるのがコミュニティー・チョイス・アグリゲーションです。第4章で詳しく紹介しますが、イリノイ州では、2010年の「改正イリノイ州電力庁法」により、州内の市町村や郡といった自治体が管内住民の電力需要を集約し小売会社と交渉して電力一括購入契約を結ぶ、いわゆる需要集約プログラムが可能になりました。シカゴ市はこの需要集約プログラムに基づき、同州最大の送配電会社コムエドに代わる新たな小売会社を選定。市内の100万軒近い家庭用需要家や中小企業が小売事業者を変更しました。

こうした経緯により、2014年末現在、イリノイ州の総販売電力量に占める小売会社のシェアは、家庭用60.7%、中小商工業用74.7%、大口商工業用93.1%、市場全体では76.4%となっています。

3　英国の電力小売自由化事情

3-1 事業再編で大手6社に

1990年、英国病からの脱却を図ろうと「小さな政府」を志向するサッチャー政権の下、電力自由化と同時に国有電気事業者の分割・民営化が実施されました。これにより、発電と送電を独占していた英国・中央発電局（CEGB）は発電会社3社と送電会社1社に分割・民営化されました。また12の国有配電局も民営化され配電会社になりました。英国における電力自由化の幕明けです。

その後も、2000年の「公益事業法」、2004年の「エネルギー法」、2007年以降の小売規制改革など、とどまることなく様々な改革が行われています。この制度改革のリーダーシップを取るのは、主務官庁や産業界から独立した組織である、英国ガス・電力市場局（OFGEM）です。

世界各国に先駆けた積極的な改革により、新規参入が相次ぎ、競争が進展するとともに、M&Aが活発化しました。英国の大手電力会社はドイツ、フランス、スペインの大手エネルギー会社に買収され、さらに12の配電会社（小売事業）も、多くがこれら大手エネルギー会社の傘下に入りました。

その結果、英国の旧国有電気事業者（送電部門を除く）は、エル・ヴェー・エー（RWE）系、エーオン（E.ON）系（ともにドイツ）、EDF系（フランス）、SSE系（英国）、イベルドローラ（Iberdrola）系（スペイン）の5大グループに集約され、これに電力市場でシェアを伸ばしている旧国有ガス事業者（ブリティッシュ・ガス）が加わり、英国の電力市場は6大グループに集約されました。

また、ガス事業の民営化が1986年に実施され、1998年までに家庭用ガス市場が自由化されたことから、これらのグループはガス事業にも進出しており、電気とともにガスの販売も行っています。

活発な企業の合併・買収（M&A）が行われた理由としては、顧客ベースの拡大を狙った供給部門間の水平統合、卸電力価格などの変動による事業リスクを低減するための発電と小売の垂直統合などが挙げられます。送電・配電のネットワーク部門では、前述の分割民営化で所有権分離された送電会社が、後にガスパイプライン会社と合併しました。また配電会社間の資本統合や経営統合が行われるなど、規模の経済性を追求した事業再編が行われました。

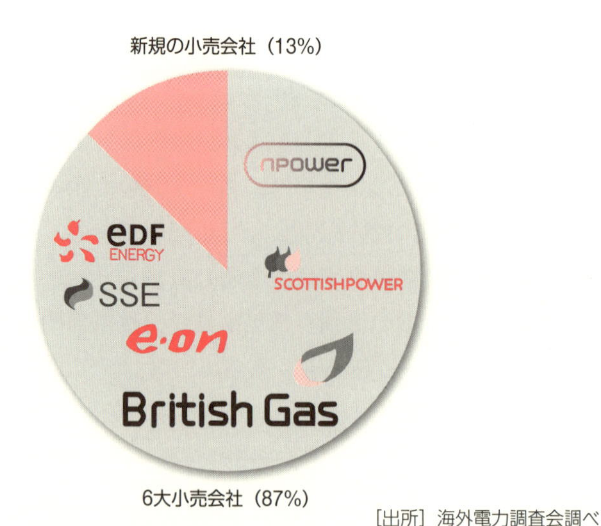

［出所］海外電力調査会調べ

図2-3　英国の電力市場の現状（2015年）

3-2 小売全面自由化で競争激化

英国の小売自由化は1990年から段階的に進められてきました。1999年以降、家庭用を含めたすべての需要家が電力の小売会社を自由に選択できるようになっています。

小売会社は、価格の割引競争のほか、産業用需要家に対しては個別サービスを、家庭用需要家に対してはガスと電力のセット供給やオンライン契約（インターネットを介した手続き）、長期価格据え置き契約など、様々なメニューを用意し需要家獲得競争を展開しています。この結果、すべての産業用需要家は小売会社の変更や契約の見直しを行っており、家庭用需要家も、半数以上が小売会社を変更しています。

こうした需要家獲得競争や規制機関の競争活性化に向けた取り組みなどにより、近年、大手6社に対する新規小売会社のシェアも徐々に伸びてきています。大手6社以外の小売会社が獲得したシェアは、2010年の1%未満から、2015年7月時点では13%に上昇しています（英国の家庭用需要家総数は約2,800万軒）。これらの小売会社の多くは、標準的な世帯におけるガス・電気のセット（デュアルフュエル：Dual Fuel）契約でビッグ6を下回る料金を提示しています。

このように競争が激化する中、料金メニューの数が増大するとともに、内容も複雑化し、需要家が小売会社を選択する際、どのメニューを選択すればよいのか判断に迷う事態も発生しています。そのため、規制当局は、料金比較が容易となるよう、小売会社に対し、各社が提示する料金メニュー数の制限、料金メニューの定型化、その需要家に最も適した料金の推奨などを義務付けています。

3-3 電気料金は上昇

電気・ガス料金は、2003年以降の世界的なエネルギー価格の高騰や国産である北海ガス田のガス生産量の減少などを背景に急騰し、2014年の電気およびガス料金水準は2005年比で約2倍に上昇しています。その結果、近年、英国は欧州諸国の中で電気料金が高い国のひとつとなっています。

そのため、冬季に十分な暖房を確保することができない世帯（エネルギー貧困世帯）が急増し、その数は2004年の200万世帯から2012年には450万世帯に達しています。政府は弱者対策の一環として、25万軒以上の需要家を持つ電気・ガス会社に対して、低所得者層への料金の割引制度導入を義務付けています。

4 ドイツの電力小売自由化事情

4-1 多数の小売会社が存在

ドイツでも、米国や英国と同様、電気事業は地域独占でした。しかし、英国で始まった電気事業の規制緩和がEUに飛び火し、ドイツ国内でも1990年頃から本格的に電気事業への競争導入が検討され始めました。1996年のEU電力自由化指令により、EU各国で電力自由化を1999年2月から一斉に進めることが決定されたことを契機に、ドイツでは、1998年にエネルギー事業法（日本の電気事業法とガス事業法に相当）が改正され、電気事業の全面自由化が開始されました。

ドイツの電力自由化が他の周辺国と異なっていた点は、送配電事業を政府が規制していなかった点です。送配電線の利用条件は、ドイツ電気事業連合会（VDEW）、産業連盟（BDI）、および自家発連合会（VIK）の3つの団体が自主協定で決めていました。これは、政府が大きな枠組みを決め、細部のルールは民間に任せるというドイツ社会の伝統的な役割分担に従ったものです。しかし、この自主協定には解釈の余地があったことから、電力会社によっては託送料金（電気を送る際の送配電設備利用料）の水準を高めに設定して、超過利潤を得るなどの行動もみられたようです。こうしたことから、ドイツの託送料金は他の周辺国に比べて高い水準となり、発電市場への新規参入を困難なものにしていました。

こうした点を改善するために、2005年、政府はエネルギー事業法を再び改正して、送配電事業を規制することにしました。さらに、連邦系統規制庁という規制機関を設立し、規制プロセスの透明化を図っています。また、米国や英国、日本のように段階的なプロセスを経ず、一気に全面自由化に至ったのもドイツの小売自由化の特徴です。

4-2 環境先進国のエコ電力

ドイツは緑の森に囲まれ、環境保護に熱心な国というイメージが一般的ではないでしょうか。

ドイツ人の環境意識の高さは電気料金メニューにも反映されており、多くの電力会社がグリーン電力メニューを提供しています。グリーン電力を選択する消費者も年々増加しており、2013年には約17%の家庭がこうしたメニューを選択しています（図2-4）。グリーン電力というと割高なイメージがありますが、ドイツでは標準的な料金メニューに対する割増率はわずか2%となっています。これは北欧など周辺の水力資源が豊富な国から再生可能エネルギーによる電力を輸入しているからです。ただし、ドイツのグリーン電力には環境負荷の少ないコージェネレーション設備からの電力が含まれている場合もあり、必ずしも再エネ100%というわけではありません。

グリーン電力メニューに一定以上の再エネ電力が使用されていることを証明する、認証ラベルもあります。ラベルの取得は義務ではありませんが、価格比較サイトではラベルの有無が必ず表示されるようになっています。グリーン電力メニューで得た収入の一部を再エネ発電所の建設資金とするなど、再エネ導入に貢献していることを示すラベルもあります。

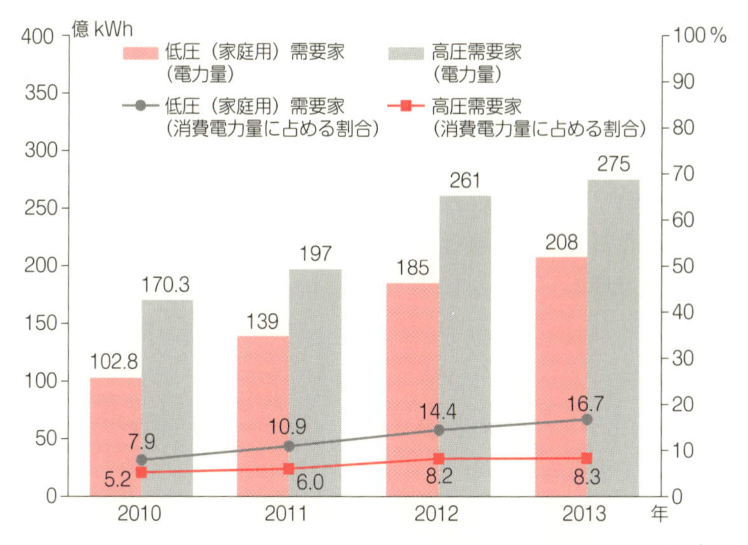

［出所］ドイツ連邦系統規制庁モニタリングレポート

図2-4　ドイツのグリーン電力需要の推移

4-3 シュタットヴェルケ：地域に根付いた電力会社

ドイツには1,000を超える小売会社が存在します。ひとつの地域で需要家が選択できる事業者数は平均100社（家庭用需要家に関しては90社）を超え、豊富な選択肢が用意されています。しかしながら一度も小売会社や料金メニューを変えたことがない消費者も20%程度存在し、2014年の変更率も1割を切っています。選択の幅はあっても、利用しきれていないのが現状といえるかもしれません。

これらの小売会社は、4大電力グループと市営電力、独立系マーケターに大別されます。4大電力グループとは、E.ON、RWE、エナギー・バーデン・ヴュルテンベルク（EnBW）、バッテンファル（Vattenfall）の4社を指します。

ドイツの電力小売を語る上で無視することができないのが、シュタットヴェルケ（市営電力）の存在です。シュタットヴェルケとは、地方自治体が運営する電気事業、ガス供給、水道、交通などのインフラ会社です。

規模の面で大手電力に劣るため競争に不利とされていましたが、小売自由化後も多くの会社が顧客を維持しました。しっかりした顧客基盤を持ち、地域のニーズに合ったサービスを提供してきたことが、生き残りの秘訣と言えるでしょう。停電の際にすぐに技術者を派遣する、ライフスタイルに合った省エネプランを紹介する、などがその一例です。また、ミュンヘン市営電力のように再エネ発電で大きな利益を上げ、電力会社トップ10の仲間入りをしているシュタットヴェルケもあります。

4-4 競争子会社：電気のディスカウント・ブランド

自由化後も大手電力会社による寡占が続いたドイツですが、2005年頃からは供給エリア外への進出を試みる電力会社が増えました。これはなぜでしょう。

送配電網を所有していない会社が電力を販売するには、託送料金を負担して他社の送電線を利用しなければなりません。自由化直後の託送料金は送電距離などに基づいて算定され、高い水準になっていました。しかしながら、2000年に距離ではなく接続地点に応じて料金が算定されるようになり、また2005年に認可制度が導入されたことから託送料金の水準が下がりました。

このような理由から、供給エリアの拡大を試みる電力会社が増加したのです。特に大手電力会社のE.ONとRWEは、それぞれエー・ヴィー・アインファッハ（E wie einfach）、エプリモ

（eprimo）という子会社を設立し、エリア外への進出の足掛かりとしました。これらの競争子会社は料金プランを単純化する、店舗を構えずインターネットのみでサービスを行うなどの工夫により、低価格の商品提供を実現しました。

首都ベルリン、ミュンヘンなどの大都市では伝統的にシュタットヴェルケが優勢でしたが、競争子会社はこのような所にも進出し、激しい競争を繰り広げました。特にエプリモは低価格のグリーン電力料金メニューを売りにし、多くの顧客を奪っていきました。

5 フランスの電力小売自由化事情

5-1 既存電力が圧倒的シェア

EUの電力自由化の動きに対して、フランスは1990年代を通じ一貫して反対する立場をとっていた国です。多数の原子力発電所を保有し、近隣諸国の中で最も電気料金が安いという特徴がありました。

電気料金が安い理由は原子力発電の比率です。その背景には、第2次世界大戦後の「1946年電力・ガス国有化法」に基づき、多数存在した地方電気事業者がフランス電力公社（EDF：現在はフランス電力会社）に統合されたことに始まります。EDFは、国策会社として、1970年代の石油危機以降、エネルギー自給率を高めるために原子力発電所を多数導入してきました。現在、EDFの発電電力量のうち約9割が原子力となっています。

しかし皮肉にも、フランスにおける豊富な原子力発電の存在がEUの電力自由化を実現に向かわせる要因となりました。従来、この余剰電力は、電源が不足している英国南部や、電源開発が進まないイタリアなどへ輸出されていましたが、ドイツの化学会社BASFをはじめとする各国産業界から、フランスから安い電気を買いたいという強い要望があり、電力自由化論議に火を付けたのです。

電力自由化に反対していたフランスでは、自由化のプロセスは、一連のEU電力自由化指令に沿った形で進められました。発電部門の自由化は、英国やドイツよりも遅い2000年ですし、小売全面自由化に至ったのは、EUが期限として定めた2007年のことでした。

小売全面自由化が実施された現在も、EDFの存在感は圧倒的です。特に家庭用需要家向けの電力供給については、低価格の規制料金による電力供給を売りにしてEDFが自由化後も大きなシェアを維持し、2015年時点でも新規電力会社を選択する需要家は10%程度です。

全面自由化から8年が経過した2015年時点で、需要家が電力会社を変更することができると知っている人の割合は5割程度にすぎません（図2-5）。英国でも全面自由化から15年たって、ようやく自由化認知度が8割に達したというアンケート結果もあるので、不思議ではないのかもしれません。もちろん規制当局は広報資料を作成したり、電力会社はテレビのコマーシャルなどで自由化を

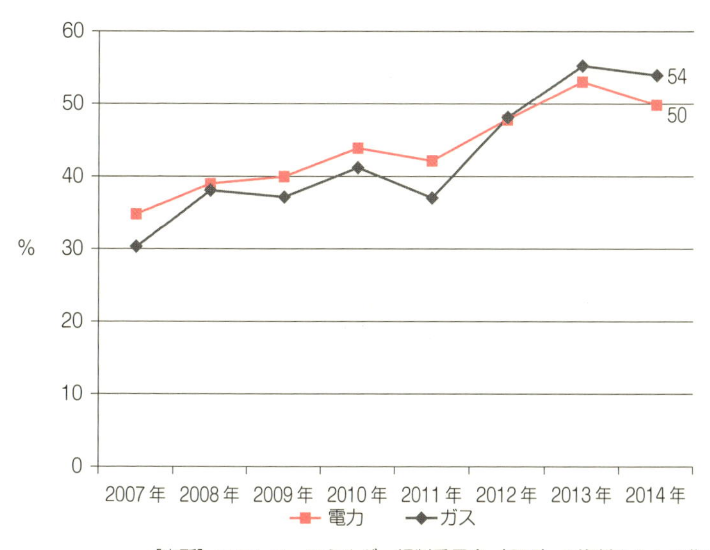

［出所］フランス・エネルギー規制委員会（CRE）の資料をもとに作成

図2-5　フランスにおける電力・ガス小売市場の自由化に対する家庭用需要家の認知度

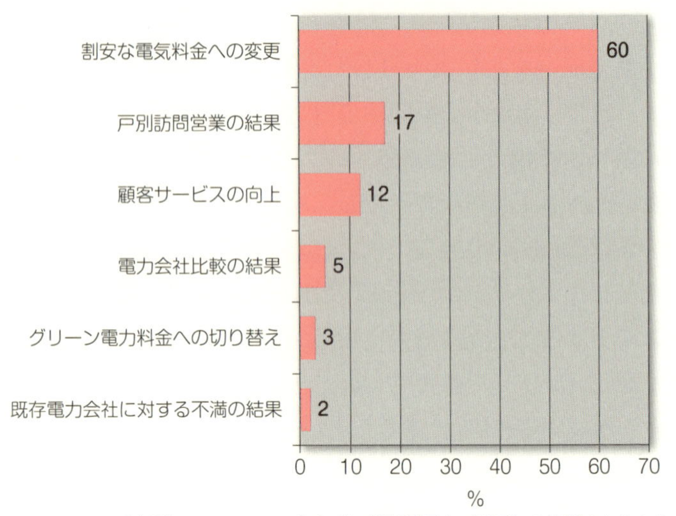

［出所］フランス・エネルギー規制委員会（CRE）の資料をもとに作成

図2-6　フランスにおける電力会社の変更理由

アピールしたりしてきたわけですが、数年たっても電力自由化を知らない人が多数存在していることが現実といったところでしょうか。

フランスで電力会社を変更した数少ない家庭用需要家のうち、約6割が割安な電気料金への切り替えを理由としています（図2-6）。また、電力会社の営業員が戸別訪問した結果であったり、既存の電力会社よりもサービスが充実している点を挙げる人もいます。意外なことですが再生可能エネルギーでの電力供給を希望して電力会社を切り替えた需要家は少ないようです。

5-2 季節別・時間帯別料金でピークシフトを促進

EDFは全面自由化以前から季節別・時間帯別料金メニューを

需要家に提供してきました。現在でも提供されている季時別料金メニューは「昼夜間料金」「テンポ料金」の2種類です。昼夜間料金より細かい区分のあるテンポ料金の場合、従量料金の最高時と最低時の差は6倍もあります。家庭用需要家の多くが自由化以前からこのような時間帯別料金を選択しており、自由化後もEDFとの契約を継続している状況です。

◉昼夜間料金

年間基本料金とピーク時間帯（昼）料金とオフピーク時間帯（夜）料金の2種類の従量料金で構成されています。ピーク時間帯料金はオフピーク時間帯料金よりも1.6倍程度割高に設定されています。

◉テンポ料金

年間基本料金と6種類の従量料金で構成されています。従量料金は3つの期間に区分され、それぞれピークとオフピークで分けられています。最も割高な料金は高需要期のピーク料金である一方、その反対は低需要期のオフピーク料金となります。高需要期のピーク料金は低需要期のオフピーク料金よりも6倍以上割高に設定されています。ピーク料金が適用される日や時間は固定されておらず、前日の需要予測に基づいて柔軟に設定されます。ただし、それぞれの料金が設定される時間数は年間で固定されています。

ちなみに、「テンポ」とはイタリア語の〝時間〟という言葉に由来しています。

5-3 EDFの原子力による電力の一部を小売会社に売却

前述のようにフランスでは原子力発電所を所有するEDFが新規参入した小売会社に対して価格競争力を有していると言われてきました。EDFが原子力発電の比率が高い発電原価に基づいた料金で需要家に電力供給を行っている限り、新規参入の小売会社が需要家を獲得する上で大きな障害となっているとの指摘もあります。

一方で、フランス政府は家庭用需要家に対して割安な原子力発電による電力を供給したいとの意向を持っています。

このため、2009年、EDFが小売会社に対し、原子力発電による電力の一部を原子力の発電原価に基づき売却することが法制化されました。小売会社は自社の顧客向けの電気を、EDFの原子力発電の発電原価で調達できるようになったわけです。この原子力発電電力は42ユーロ/MWh（約5.6円/kWh）で売却されています（1MWh＝1,000kWh）。

2013年の卸電力取引所の平均取引価格は43ユーロ/MWh（約5.7円/kWh）でしたが、2014年の平均取引価格は35ユーロ/MWh（約4.7円/kWh）でしたので、現在はEDFの原子力発電による電力よりも卸電力取引所から調達したほうが割安な状況となっています。

6 オーストラリアの電力小売自由化事情

6-1 先行企業3社が逃げ切りで勝利

オーストラリアの電力小売自由化について、一言で表すなら、「先発優位」ということにつきます。企業のマーケティングや競争戦略の分野では、新しい市場にいち早く参入することで市場シェアを獲得し、大きな利益を上げる「先発優位」か、それとも先発企業の失敗例から学びつつ市場に参入する「後発優位」のどちらが良いのか、といった議論があります。しかし、オーストラリアでは、いち早く自由化市場に参入した3つの電力会社が国内で圧倒的シェアを獲得する結果となっています。それはビクトリア

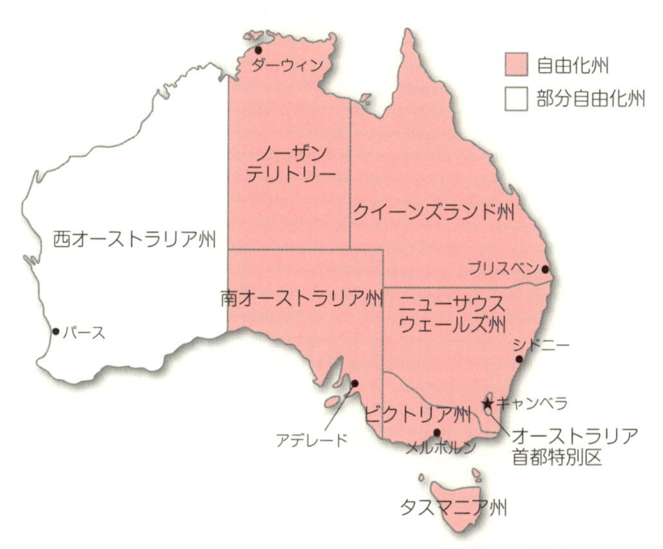

［出所］海外電力調査会調べ

図2-7　オーストラリアにおける電力の小売自由化の状況（2016年2月現在）

州を基盤とするAGLエナジー（AGL Energy）とエナジー・オーストラリア（Energy Australia）、オリジン・エナジー（Origin Energy）です。

連邦制を取るオーストラリアでは、電力自由化は州ごとに行われました。他の州に先駆けて小売自由化に踏み切ったのが、ビクトリア州です。同州では1994年に大口の需要家を対象とする自由化が始まり、その後、段階的に自由化の対象範囲を拡大していきました。2002年には全面自由化され、一般の家庭でも電力会社が選べるようになりました。今から10年以上前のことです。

オーストラリアにある6つの州と2つの特別地域のうち、地理的に離れている西オーストラリア州を除くと、最後に小売全面自由化したのは、南方の島、タスマニア州で、2014年4月のことです。しかし、人口約50万人の小さな島に参入する企業はなく、オーロラ・エナジー（Aurora Energy）の独占が続いている状態です。

6-2 市場の統一に合わせ、法制度や取引所も連邦で統一

最初に小売自由化したビクトリア州で、いち早く市場に飛び込んでいったのが、1837年ガス部門で創業したAGLエナジーと、ビクトリア州を地場とするTRUエナジー（現エナジー・オーストラリア）、建設会社を母体とするオリジン・エナジーの3社です。この3社はビクトリア州で電力小売ビジネスを行いながら、他の州で全面自由化が始まると同時に参入し、ビクトリア州で得たノウハウを生かして、次々と顧客を獲得していったのです。

一般的なビジネスの世界では、新規事業が立ち行かなくなり撤退するといったことはよくあることですが、これらの大手3社は電気事業から撤退する電力会社を、顧客も含め、まるごと買収し

図2-8　オーストラリアは先行3社が優勢

ていきます。また、自由化時に売却された地元州政府経営の電力会社を買収することで、さらにシェアを拡大してきました。

買収を積極的に繰り返したことで、現在ではこの3社が、自由化していない西オーストラリア州を除く国内の小売市場の7割以上のシェアを握るようになったのです。ニューサウスウェールズ州に至っては3社で9割以上のシェアを占めています。

こうした先行逃げ切り型が成功した背景には、オーストラリアの都市同士が地理的に近く、他州への進出も容易だったことが挙げられます。徐々に相互の地域に進出するようになり、次第に市場が統合されていきました。現実の後を追うように、法律や制度、卸電力取引所なども、連邦大で統一されていきました。

6-3 太陽光発電の普及で、電力が蓄電池ビジネス開始

大手3社のうちAGLエナジーは、昨今はやりの蓄電池ビジネスにも名乗りを上げています。オーストラリアは、太陽光発電の普及率が世界で最も高い国のひとつで、家庭用蓄電池の有望なマーケットとして世界的に高い注目を集めています。

AGLエナジーは2015年5月、電力会社として世界で初めて家庭に蓄電池を設置すると発表しました。電気の販売収入をベースとした従来の電力会社のビジネスモデルとは相反するようですが、時代の流れの先を読んでいるようです。対するオリジン・エナジーも2015年7月に、蓄電池の販売を発表しています。

これに対して、エナジー・オーストラリアは、電気の売り上げが減る恐れのある蓄電池ビジネスに対して、まだ様子見の段階にあるようです。

今後、蓄電池ビジネスがオーストラリアで成功し、かつての電力小売自由化の経験と同様に「先発優位」の結果となるのか、はたまた様子をうかがっているエナジー・オーストラリアが妙手を繰り出し「後発優位」となるのか。今後の成り行きが気になるところです。

7 ニュージーランドの電力小売自由化事情

7-1 顧客争奪戦の激しさでは世界一

ニュージーランドは、1994年から小売全面自由化が行われています。もともと発電・送電部門は国有の電力会社、小売事業は地方自治体が運営する配電会社が行っていたのですが、1993年から小口需要家への小売事業が、1994年4月からは大口需要家への小売事業が自由化されました。全面自由化以降、通信会社のメガ・テル（Mega Tel）が子会社メガ・エナジー（Mega Energy）を使い電力小売に進出するなど、小売会社数は2003年の9社から2014年の16社にまで増えました。

そして今では顧客の争奪戦が世界一激しい国となっています。ニュージーランド電力規制局によると、2013年の1年間に、契約先を変更した需要家は40万軒と、全需要家軒数（200万軒）の2割を占めました。特に、小売最大手のジェネシス・エナジー（Genesis Energy）とコンタクト・エナジー（Contact Energy）では、需要家の入れ替わりが激しくなっています。53万軒を抱えるジェネシス・エナジーは多い時で1カ月間に4,500軒獲得するのですが、他方で同社から離脱する需要家も多く、4,500軒以上の需要家が離脱する月もあります。

7-2 有効だった政府の小売市場活性化策

映画『ロード・オブ・ザ・リング』の撮影地にもなった大自然とかわいらしい羊の群れといったのどかな風景が思い浮かぶ小さな国

のニュージーランドで、電力小売の熱い競争が繰り広げられている理由は、政府が行ったいくつかの政策に端を発しています。小売市場の活性化のため、以下のように契約変更手続きにかかる期間を短縮したり、料金比較サイトを立ち上げたりしたことが有効に働いたようです。

◉契約変更手続きを短縮（2010年）

ニュージーランド政府は2010年、10日以上かかっていた事業者による契約変更の手続きを、基本的に5日以内に短縮しました。この5日間という期間は他国と比べて極めて短く、英国では17〜21日、米国のテキサス州では7日以内、メリーランド州では12〜30日、イリノイ州では30〜45日、ペンシルベニア州では11〜40日かかっています。

◉料金比較・契約変更ウェブサイトを立ち上げ（2011年）

ニュージーランド政府は2011年、料金比較および契約変更のた

図2-9　顧客の争奪戦が激しいニュージーランドの電力市場

めのウェブサイトを立ち上げました。このサイトでは、需要家の住む地域、同居人数、使用している暖房器具などといった需要家の情報を入力すると、その情報から年間消費電力量の推定値が自動的に算出され、この推定値に基づいて、各社が提供できる料金メニューとその年間支払額が一覧形式で表示されます。このサイトを利用することによって、需要家は各社の料金メニューと年間支払額を比較し、その場で手軽に契約の変更手続きができるようになりました。

7-3 電撃的大量切り替え事件も発生

ニュージーランドの需要家の行動は素早く、あっという間に他社に乗り換えます。その象徴として有名なのが、2008年10月に発生した電力大手コンタクト・エナジーの需要家による一斉乗り換え事件です。

コンタクト・エナジーは同年9月、ニュージーランド南島の電気料金を11月1日から10.15%値上げすると発表しました。南島の電力は、その多くをコストが安い水力発電で賄っていますが、当時は渇水のため、発電コストが高いガス火力発電に頼っていました。同社は発電コストが上昇したため、電気料金を値上げすることにしたのです。南島ではコンタクト・エナジーのシェアが高いのですが、それ以前から燃料費の上昇に伴う電気料金の値上げが続いていて、需要家の間には不満がたまっていたようです。

一方、同社は10月23日の株主総会で、取締役の報酬を77万NZドル（約6,000万円）から150万NZドル（約1億2,000万円）に倍増する方針を決定することになっていました。

このような状況の中、需要家の不満を汲み取ったのか、当時のニュージーランドのヘレン・クラーク首相が株主総会前日の22日、コンタクト・エナジーを名指しで批判。これが報道されると、同社と契約している需要家は一斉に他社への乗り換えを検討し始めました。電気料金の値上げについて十分な説明がなかったこともあり、需要家の関心は取締役の報酬倍増の方に集中してしまったようです。

首相の発言直後から、他の小売会社には、南島に住むコンタクト・エナジーの需要家からの新規契約問い合わせが殺到します。23日、24日の2日間で、南島に基盤を持つ小売第4位のメリディアン・エナジ（Meridian Energy）には通常の2倍、ジェネシス・エナジーには同1.5倍の問い合わせがあったようです。小売第5位のトラスト・パワー（Trust Power）に至っては23日だけで1カ月分の問い合わせを受け、コンタクト・エナジーが圧倒的シェアを持つ南島第2の都市、ダニーディンで新規加入キャンペーンを始めることになりました。

タイミングが良かったのは、小売第3位のマイティー・リバー・パワー（Mighty River Power）です。同社はマーキュリー（Mercury）というブランドを立ち上げ、魅力的な料金を打ち出し、正に23日から発売することになっていました。そこに首相発言があったことから、23日午後3時30分の販売開始と同時に申し込みが殺到。3分後には第1号契約を獲得し、24日までの2日間で、数百軒の需要家を獲得しました。

この影響でコンタクト・エナジーは10月の1カ月間だけで5,000軒以上の需要家を失いました。その後も減少が止まらず、その後の1年間で4万軒もの需要家減となったようです。

このような激しい顧客の争奪戦が繰り広げられる一方で、ニュージーランドにおける家庭用電気料金は過去10年で2倍以上に上昇しており、需要家はあまり競争のメリットを受けていないという指摘もあります。

自由子の２章メモ

世界における小売自由化の現状について

- 電力小売の全面自由化は欧米やオセアニアで進んでいる。
- 電力自由化は、①発電市場の自由化、②送配電網の開放、③小売自由化——で進む。
- 米国では石油危機を機に発電自由化が始まったが、小売自由化は州ごとにバラバラ。
- テキサス州では発電、送配電、小売事業が分社化された。
- EUの電力小売自由化は英国が元祖。
- ドイツは環境に良い電気が人気。地域電力会社も多数ある。
- フランスは原子力があってEDFの規制料金は安かったが、最近は卸電力市場から調達した方が安い時も。
- オーストラリアでは先行州の電力会社が、そのノウハウで他州に進出。
- ニュージーランドは顧客の争奪戦が激しい。

英国は小売自由化の元祖だけど電気料金は上がっているのね

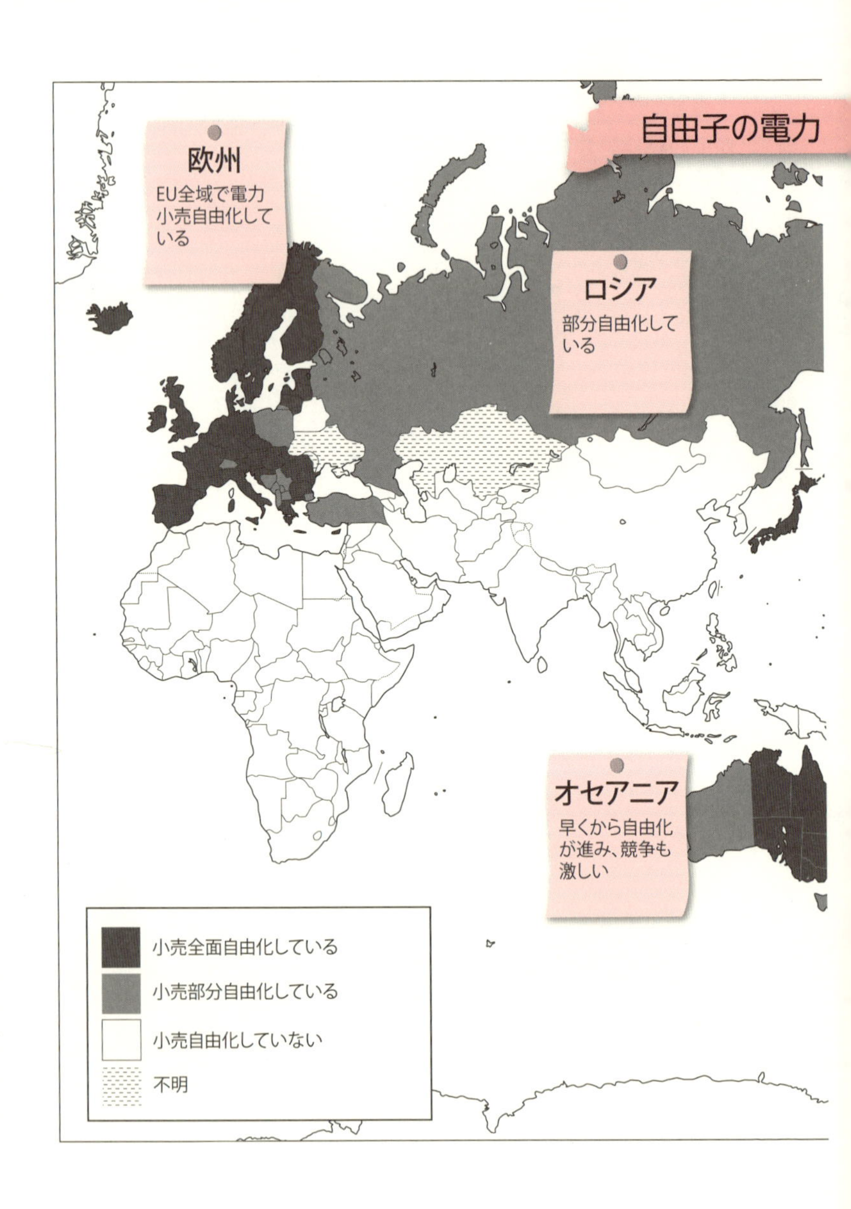
自由子の電力
欧州
EU全域で電力
小売自由化して
いる
ロシア
部分自由化して
いる
オセアニア
早くから自由化
が進み、競争も
激しい
小売全面自由化している
小売部分自由化している
小売自由化していない
不明

小売自由化世界地図
日本
2016年４月から
アジア初の全面
自由化
米国
各州ごとに対応
が異なる。テキ
サス州の自由化
の評価が高い
南米
自由化している
国も多い
欧米を中心に
自由化が
進んでいる
ようね
[出所] 海外電力調査会調べ

第3章

海外にみる様々な電気料金メニュー

1 日本の家庭用電気料金メニュー（規制料金）

海外の電気事業では様々な料金メニューやサービスが展開されています。電気料金の構造や設定方法には、国や地域の電気事業・供給体制はもとより、歴史、文化など社会的な背景も反映されているためです。この章では海外の電気料金を詳しく紹介していきますが、海外の電気料金を知るベンチマークとなるのは日本の電気料金です。小売全面自由化に当たり続々と新しい料金メニューが発表されていますが、まずは全面自由化前の日本の電気料金を簡単に把握しておきましょう。

日本の標準的な家庭用電気料金は、基本料金と、電気の使用量に単価をかけた電力量料金で構成されています。この電力量料金には、変動する燃料費の高低に合わせて調整される燃料費調整額も含まれます。これに加えて再生可能エネルギー固定価格買取制度（FIT）※で定められる再生可能エネルギー発電促進賦課金も加算されます。

家庭用の電気料金メニューとしては①住宅で使用する電気に対する契約（電灯）と、②特定の設備を使用するための契約（電力）——の2つに分けることができます。ここでは、東京電力の料金メニュー（表3-1）を例に、具体的にみていきましょう。

※固定価格買取制度（FIT） 再生可能エネルギーの固定価格買取制度は、再生可能エネルギーで発電した電気を、電力会社が一定価格で買い取ることを国が約束する制度です。電力会社が再エネ電力を買い取る費用は、電気料金の一部として電気を利用する消費者から「再生可能エネルギー発電促進賦課金」という形で回収されます。これは再生可能エネルギーがコスト的に割高なため、その利用促進を支えるのが狙いです。日本では2012年7月からFITがスタートしています。

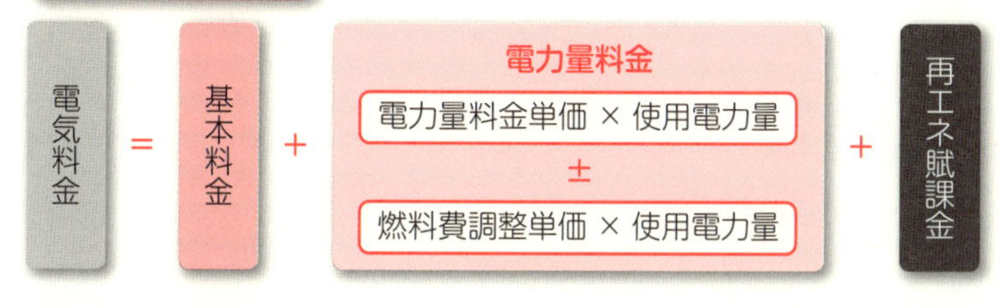

◉住宅向け料金メニュー

最も標準的な料金メニューが、「従量電灯」です。従量電灯の電力量料金単価は、電気の使用量によって3段階で高くなっていく構造になっています。電気が現代社会に不可欠な商品のために、経済的弱者に配慮して、また省エネルギーを行うという観点から、このような設定になっています。

従量電灯のほか、東京電力は8つのプランを提供しています。「土日は仕事で家にいない」、「共働きで日中は家にいない」、「太陽光発電があるので、日中は電気を節約できる」といった各自のライフスタイルや状況に合わせて、契約することができます。

◉特定の設備向けメニュー

特定の設備向けのメニューには、電力量料金単価が安く設定されている夜間にお湯を沸かすエコキュートや電気温水器といった機器を使う人向けの「深夜電力」というメニューや、業務用の大型エアコンや冷蔵庫、工場のモーターといった設備を使う人向けの「低圧電力」というメニューがあります。また、低圧電力契約では、夏季（7～9月）とその他季（10～6月）で異なる単価が設定されており、夏季の方がやや割高となっています。なお、これらの契約だけでは、照明やテレビといった家庭の電気を使うことはできません。①の「従量電灯」などと併せて契約をするか、ある程度大量に電気を使う商店や飲食店などの場合は、まとめてひとつの契約とすることもできます（おまとめプラン）。

表3-1 日本の電気料金メニュー（東京電力の例） ※全面自由化前

用途	特徴	電気料金メニュー名称	メニュー概要
住宅向け（電灯）	単価が一定	従量電灯	時間帯や曜日に関係なく、使用量に応じて料金を設定したメニュー
	季節・曜日・時間帯によって単価が変化	朝得プラン	午前1時から午前9時までの時間帯の料金を割安に設定したメニュー
		夜得プラン	午後9時から午前5時までの時間帯の料金を割安に設定したメニュー
		半日お得プラン	午後9時から午前9時までの時間帯の料金を割安に設定したメニュー
		土日お得プラン	土日の料金を割安に設定したメニュー
		おとくなナイト8	午後11時から午前7時までの時間帯の料金を割安に設定したメニュー
		おとくなナイト10	午後10時から午前8時までの時間帯の料金を割安に設定したメニュー
		ピークシフトプラン	夏季は3つ、その他季節は2つの時間帯に分けて、夏のピーク時（午後1時から4時）を高めに、夜間（午後11時から午前7時まで）を割安に料金を設定したメニュー
		電化上手	「季節」と「時間帯」で細かく料金を設定し、午後11時から午前7時までの時間帯の料金を割安に設定したメニュー
特定の設備向け（電力）	特定の時間のみ使用可能	深夜電力	午後11時から午前7時までの時間に、温水器などの機器を使用する場合のメニュー
	季節によって単価が変化	低圧電力	商店や工場などでモーターなどの動力機器を使用する場合のメニュー
その他		おまとめプラン	従量電灯と低圧電力をひとつにまとめたメニュー
		口座振替割引	口座振替で支払いをしている場合、ひとつの契約につき54円割引される制度

［出所］東京電力ホームページより海外電力調査会作成

2 海外の電力自由化と料金メニュー

さて、電力小売自由化が日本よりも早く開始された海外の国々では、小売会社は消費者のニーズに応えるため、多様な料金メニューを用意してきました。

これから小売全面自由化を行う日本では、電力会社が通信会社やガス会社と提携することが話題となっていますが、こうしたセット契約のような形態をはじめ、特典がついたり、電源を選択できたりするなど、様々な料金メニューが登場しています。

これらのメニューを大きく分類すると、①標準型（規制料金）、②標準型（自由料金）、③需給調整型、④顧客利便追求型、⑤顧客嗜好型、⑥特典型、⑦業務効率化型――というところでしょうか（表3-2）。重複していて明確に分類できない部分もありますが、とりあえずそのように分類した上で、特徴を見ていきましょう。

2-1 標準型：規制料金（従量電灯）

電気料金は基本的に、使用量に関係なく毎月課金される料金（基本料金）と、使用した電力量に電力量料金単価をかけた料金（電力量料金）で構成されています。これは規制のあるなしに関わらず世界共通の仕組みです。

規制料金の場合、電力量単価は固定されており、国や州の認可を受けない限り上げることはできません。日本も同様で、東日本大震災後、原子力発電所の長期停止の影響を受けて実施した料金

表3-2　電気料金メニューの分類

分類	料金メニュー	主な採用国・地域	特徴
標準型(2-1)	規制料金(従量電灯)	日本、欧米、NZ	・料金支払額が毎月課金される基本料金と使用電力量に応じて課される電力量料金から構成される ・電気料金を値上げするには規制当局の認可が必要 ・電気料金は収支状況に応じて不定期に変更されることが前提になっている
(2-2)	(1)固定型(単価据え置き)料金(自由料金)	米国、カナダ、英国、ドイツ、イタリア、豪、NZ	・電気料金の値上げに際して、規制当局の認可は不要 ・電力量料金単価は契約ごとに一定期間固定される ・料金の据え置き期間は国によって様々（1～3年） ・料金は長期契約ほどリスクを反映して段階的に高くなる ・中途解約で違約金が発生する場合もある ・固定されるのはkWh当たりの料金単価で、使い放題メニューとは異なる
	(2)変動型料金(自由料金)	欧米、豪	・電力量料金単価の変更に際して、規制当局の認可は不要 ・卸電力価格に連動して電力量単価が変更される可能性あり ・料金が値上げされる場合、違約金なしで解約可能
需給調整型(2-3)	(1)季時別型料金	日本、欧米	・夏や昼間、平日を高くするなど季節や1日のうちの時間帯ごとに電力量単価を設定
	(2)革新型料金	米国	・年間の数日に限定してピーク時間帯を前日に指定し高額料金を適用（クリティカル・ピーク料金） ・実際の時間ごとの供給コストを反映（リアルタイム料金）
	(3)時間帯限定無料料金	米国	・特定の時間帯について電力量料金単価が無料になる
顧客利便追求型(2-4)	(1)(2)セット契約料金	欧米、NZ	・電気とガスのセット契約が最もポピュラー ・電気と通信のセット契約も一部地域で利用可能
	(3)完全月額定額料金	米国テキサス州	・毎月の支払額がまったく定額である料金メニュー ・使い過ぎると次の12カ月の料金が高めに設定される
顧客嗜好型(2-5)	(1)電源選択型料金	欧米、豪、NZ	・再エネ電力を選択できるグリーン電力料金が最もポピュラー
	(2)社会貢献型料金	米国、英国NZ	・料金契約に社会福祉的な寄付を伴う料金
特典型(2-6)	特典付き料金	欧米、豪、NZ	・契約時あるいは一定期間契約を継続した場合に様々な特典をもらえる料金
業務効率化型(2-7)	(1)前払い料金	米国、英国	・プリペイドカードにより料金を前払いできる
	(2)オンライン料金	米国、英国、イタリア、スペイン、豪、NZ	・インターネットでの申し込み・請求を条件とした割引料金
	(3)定額払い料金	英国、フランス	・クレジットカードのリボ払いと類似の支払方式で、電気の使用量に関わらず、毎月あらかじめ定めた額を支払う（一般的に利子は付かない） ・支払額は、前年の消費量に基づいて算出された請求総額を分割して決定し、最終月で差額を精算する ・電力会社にとっては、検針が年1回で済むというメリットがある

※豪＝オーストラリア、NZ＝ニュージーランド

［出所］各種ホームページより海外電力調査会作成

値上げの際には、電力会社は厳しい国の審査を経て、認可を受けています。

また、先の電気料金の仕組みで示した燃料費調整、再生可能エネルギー発電促進賦課金などが加えられます。これらは、後に述べる各料金メニューにも様々な形で反映されます。国によっては、日本のように使用した電力量に応じて課金される場合や、既に電気料金に組み込まれている国もあります。

2-2 標準型：自由料金

自由料金は、規制当局の認可を必要としない自由化された環境下の料金メニューです。基本的な料金算定方法は規制料金と同じですが、電力量料金単価を固定したり、支払額を定額としたり、または電力量料金単価を市場連動させるなどしています。

そのうち、電力量料金単価を一定期間据え置くメニューや月額料金を固定するようなメニューは、契約期間中の価格変動リスクを織り込んだ料金設定となるため、一定の期間、契約を継続することが求められます。契約期間の途中で解約すると、違約金が発生することもあります。また、契約を更新する際は、更新時の市場価格などをもとに料金設定が見直される場合があります。市場価格が高騰し続けている場合などでは、更新前に比べて、電気料金が急激に上昇することもあるということです。

一方、卸電力市場の価格に連動した変動型料金は、電気料金の支払額は予測しにくいものの、卸電力価格の変動がすぐに反映されるため、変動の上下によって有利になったり不利になったりもします。

（1）固定型料金（単価据え置き）メニュー

◉固定型料金メニューとは

標準的な電気料金の場合、使用する電力量が月ごとに変わるので、電気料金支払額も毎回異なるため、電気料金メニューを変えても、それによって安くなったのかどうかよくわからないということがあります。さらに、欧米では電力量料金単価が卸電力価格に連動して変動する場合が多く、支払う電気料金の変化が、自分が使い過ぎたためなのかよくわからなくなってしまいます。

固定型料金は、このわかりにくい状況を改善したメニューともいえるでしょう。

固定型料金メニューでは、一定期間、例えば16カ月や20カ月など、あらかじめ約束した期間、電力量料金単価を一定額に固定します。

支払総額は使用する電力量に応じて変わってくるものの、卸電力市場での価格変動に細かく左右されない点において安定的で計画的な電気料金の計算・支払いが可能となります。

ただし、契約を約束した期間、継続することが求められ、中途解約時には違約金が発生する場合があります。

◉固定型料金が入った経緯

固定型料金といっても、長期間、電気料金の原価の大半を占める燃料費が一定ということはありえません。例えば、2013～2015年の間に原油価格が半額になっていますし、再生可能エネルギーの発電量の影響を受け、石炭やガスといった化石燃料の使用量も変動します。ですから、固定型料金には一般的に、契約期間の条件があります。

固定型料金は、魅力的な料金水準を提案して、長期の顧客を獲得できる可能性があります。消費者としてもある程度、電気料金の目安があったほうが、家計にもプラスの意味があるからです。

しかし、契約期間の設定は、競争を妨げるという面もあります。そのため、欧州では自由化当初、消費者を長い間縛り付ける長期の契約を禁止しようという動きが規制機関の間でみられました。しかし、欧州で自由化が本格化した2000年以降は、主要な発電用燃料であるガス価格が継続的に上昇し、電気料金が頻繁に値上げされるようになりました。そうなると、こうした動きも影を潜め、電力量単価を長期間据え置く固定型料金は、現在ではほとんどすべての小売会社の料金メニューに登場するようになっています。

◉固定型料金の導入事例と保証契約

固定型料金の契約期間は会社によって違いますが、英国の独立系小売会社であるファースト・ユーティリティー（First Utility）の場合、最短で14カ月、最長で3年間です。ドイツ、スウェーデンでも最長3年間の据え置きメニューがあります。ドイツでは再生可能エネルギーの導入を促すための負担金（再エネ賦課金）が急増している事情を反映して、政府の政策に基づく賦課金などの公租公課は固定型料金とは別に賦課されます。

一方、イタリアでは8割近い家庭が契約する規制料金の改定時期が四半期ごとであることを意識してか、契約期間は1年が一般的で、2年間を保証するメニューは多くありません。米国やカナダでも1～3年という契約期間が一般的です。

小売競争が最も進んでいるといわれる米国テキサス州の公益事業委員会の調査によれば、州内で提供されている家庭用の電気料金メニューのうち、3カ月以上の契約期間を定め、その間の電力量単価を固定するメニューの数が８割を超えているとのことです。

また、オハイオ州やその周辺州を中心に事業を展開しているファースト・エナジー（First Energy）では、子会社の小売会社が契約期間を6年間（ペンシルベニア州）や7年間（オハイオ州）とする長期の固定型料金メニューも提供しています。

このような長期契約は消費者を値上がりのリスクから保護することになりますが、小売会社にとってはそれだけリスクも増加します。また、消費者にとっても、違約金を払わなければ長期間契約変更ができないなど、契約が長くなるほど、電力会社・消費者の様々なリスクやメリットが料金メニューに加味されます。この点では小売会社が、生命保険会社のように長期のリスクとメリットの評価を行うことになるため、電力量料金単価や期間をどう設定するかは、各電力会社の腕の見せどころと言えるかもしれません。

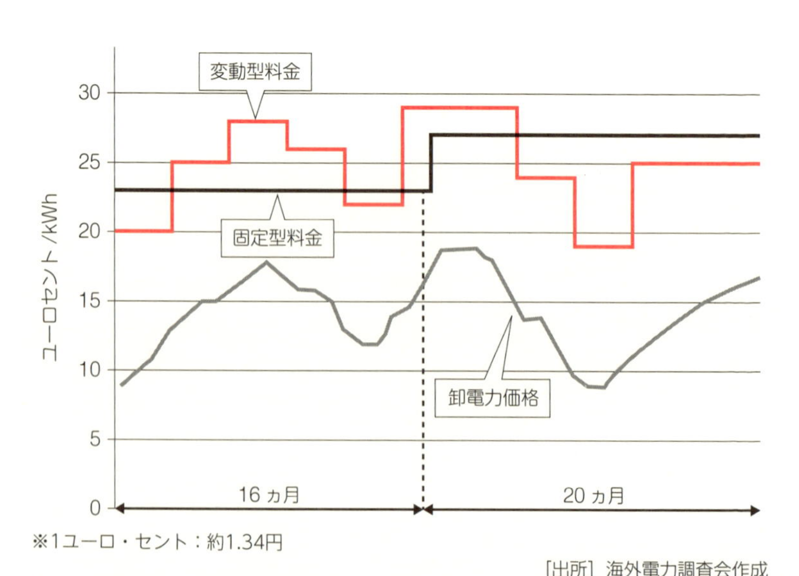

［出所］海外電力調査会作成

図3-1 欧州の固定型料金と変動型料金との比較（イメージ）

（2）変動型料金メニュー

契約期間中であっても卸電力市場の価格変動によって電力量単価が変更される可能性のあるメニューです。変更のタイミングは四半期ごとであったり、年1回ないし2回であったり、国や電力会社によって異なります。

変動型料金メニューでは一般的に料金が値上げされる場合、消費者は違約金なしで解約が可能です。例えばドイツでは、小売会社は料金値上げの6週間前に顧客に通知しなければならず、その値上げのため顧客が解約したい場合は、値上げの2週間前までに小売会社に通知すればよいことになっています。

変動型料金は燃料価格の値上がり局面では不利ですが、逆に値下がり局面では固定型メニューよりも有利となります。

この変動型料金のひとつとして、スポット市場価格と連動する料金メニューがあります。スポット市場とは翌日の電気の取引を行う卸電力市場のことで、この料金は卸電力価格にリンクする形で料金を毎時間変化させます。北欧などで採用されていますが、この地域はいち早く自由化されたことや、スポット市場での取引が盛んなこと、さらに安価で安定した発電が見込める水力発電が豊富なことなどにより、消費者がスポット市場の価格形成に信頼を寄せているためと考えられています。

2-3 需給調整型

需給調整型は、電力需要が多い時期や時間には電力量単価を高くし、少ない時期や時間には安くすることで、全体の電力需給を安定化させることを狙いとしています。

このメニューが誕生した背景には、デマンドレスポンスという

コラム　デマンドレスポンスの種類

一般に電力会社が提供するプログラムは、「価格誘導型」と「インセンティブ型」に大別することができます。前者は本節で紹介するような、顧客に対し卸電力価格の高い期間、すなわち需要が多い時間帯や季節に電力使用を控えることを促すような電気料金メニューを提供するプログラムです。後者は電力需要抑制を行うことを条件に当該顧客に報酬などの金銭的なインセンティブを与えるプログラムです。代表的なものに、顧客の空調設備や温水器を電力会社が通信を利用して制御する「直接負荷制御」というプログラムがあります。

なお、デマンドレスポンスに似たような言葉として、欧米ではデマンドサイドマネジメント（Demand Side Management）もよく耳にしますが、それぞれに明確な定義の違いはなく、同様の意味で使われることが多いようです。

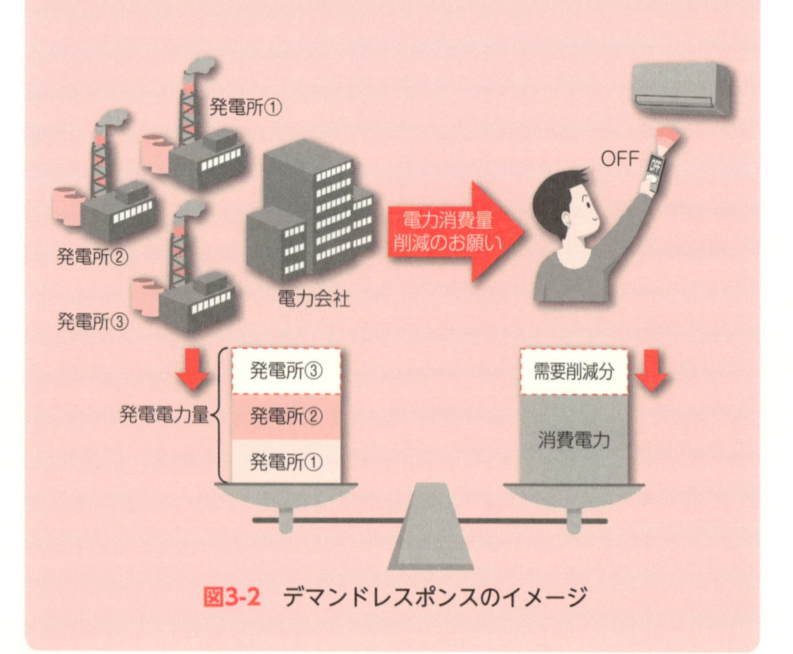

図3-2　デマンドレスポンスのイメージ

考え方があります。デマンドレスポンスとは、一般に需要家が、電力会社などの提供する料金メニューやインセンティブ（金銭など使用量を削減する動機付け）によって、地域全体での需要が多い時期（ピーク）に電力使用量を削減してその対価を得ることをいいます。電気はためられないという特性があるため、電力系統内では常に電気の需要量と供給量を一致させる必要があります。電気が足りなくなれば、小売会社は卸電力市場などで電気を追加調達するため、卸電力価格も高くなります。小売会社にとっては販売する料金単価が同じであれば、仕入れコストが高くなり、利益が減少します。また、卸電力市場で電気が余れば仕入れコストが安くなるため、利益が増大します。

さらに、電気は需要が最も多い時（ピーク）にも供給できるよう発電設備や送電設備を用意しますが、最大需要を抑制（ピークカット・シフト）できれば、その時にしか使われないような電源などに投資する必要がなくなり、コストも抑えられます。

以上のようにして生じた利益や抑制することができたコストに相当するメリットを、小売会社、顧客で分け合うというのが需給調整型メニューの特徴です。

(1)　季時別型料金

日本にも季節や時間帯によって電力量料金単価を変える、季節別・時間帯別料金（季時別料金）がありますが、こうしたメニューは欧米各国でも導入されています。欧米では、最近、電力消費量をよりきめ細かく測定できる電子メーター（スマートメーター）の設置が急速に進みつつあり、季時別料金の利用拡大に弾みがついています。

(2) 革新型料金

米国ではさらに一歩進んで、これまでのように時間帯区分や料金をあらかじめ固定するのではなく、実際の需要の増減に基づいて高額な料金を適用したり、時間ごとの供給コストを反映させるような料金設定が行われているケースもあります。代表的なものには以下のようなメニューがあります。

◉クリティカル・ピーク料金

需給逼迫が予測される日のピーク時間帯の料金を通常より高く設定するプログラム。カリフォルニア州の3大私営電力会社であるパシフィック・ガス&エレクトリック（PG&E）、サザン・カリフォルニア・エジソン（SCE）、サンディエゴ・ガス&エレクトリック（SDG&E）が商業需要家を対象としたクリティカル・ピーク料金を導入しています。

◉リアルタイム料金

電気の需給状況をリアルタイムに電気料金へ反映させるプログラム。前述のカリフォルニア州の3大私営電力会社やイリノイ州のコムエド（コモンウェルス・エジソン：Commonwealth Edison）、アメレン・イリノイ（Ameren Illinois）、マサチューセッツ州のナショナル・グリッド（National Grid）などで試験導入しています。

◉ピークタイムリベート料金

需給が逼迫しそうな日に、電力会社がメールや電話、テキストメッセージなどで需要家に需要抑制を依頼し、ピーク時間帯の電力消費量を落とせば「払い戻し」（リベート）を受け取るというプラン。

(3) 時間帯限定無料料金

季時別型料金やリアルタイム型の料金で取り上げた需給調整型の料金メニューは、主に電力需給が逼迫した場合、つまり需要が多くなってしまった場合を想定したものが多いのですが、最近では発電量をコントロールできない風力や太陽光といった再生可能エネルギーの普及によって、電気を使ってもらう方向での需給調整型メニューが登場しています。

米国テキサス州の小売会社であるTXUエナジー（TXU Energy）は、電気料金が夜間（午後9時～午前6時）無料になる料金メニューと、朝・夕（午前7時～午前10時および午後7時～午後10時）に無料になるメニューを提供しています。また、複数の自由化州で小売事業を展開しているダイレクト・エナジー（Direct Energy）は、土曜日あるいは日曜日の料金が24時間毎週無料になるメニューを提供しています。

時間帯限定無料プランの特徴として、無料の時間帯はいずれも電気の需要が低い時間帯や曜日に設定されていることが挙げられます。小売会社はそうした時間帯や特定の曜日には他の時間帯や曜日と比べて低いコストで電力を調達することができるからです。

特にテキサス州の場合、米国内で最も多くの風力発電設備が導入されているという事情が関係しています。夜間などの電力需要が少ない時間帯に風力が大量に発電すると、卸電力市場でマイナスの値がつくこともあります。マイナス価格とは、電気を仕入れる小売会社は、市場から電気を受け取り、さらにお金も受け取ることができるので、無料で顧客に電気を提供し、その他のコストなどを差し引いても黒字になるという仕組みです。

表3-3　時間帯限定無料料金の例

会社名	料金メニュー名	無料の時間帯
TXUエナジー	TXU夜間無料プラン (TXU Energy Free Nights)	毎日午後9時～ 午前6時
	TXU朝夕無料プラン (TXU Energy Free Mornings & Evenings)	毎日午前7時～ 午前10時 午後7時～ 午後10時
ダイレクト・エナジー	土曜日無料プラン (Free Power Saturdays)	毎週土曜終日
	日曜日無料プラン (Free Power Sundays)	毎週日曜終日

［出所］各社のホームページより海外電力調査会作成

図3-3　生活スタイルによっては電気代の大幅カットにつながる可能性も

ただし、「無料の電気」が成り立つ別の要因として、これらの料金メニューは、無料以外の時間帯は比較的高めの料金水準が設定されていることが挙げられます。時間帯限定無料メニューと同じ事業者の一般的な料金メニューを比較すると、無料以外の時間帯は2割から4割程度高い料金水準となっています。

ですから、時間帯別無料メニューは、特定の需要家にとっては非常に魅力的な料金メニューです。例えばTXUエナジーの夜間無料メニュー「TXUエナジー・フリー・ナイト」の場合、日中は仕事などで外出し、夜に家事などで多くの電力を消費する需要家にとっては、電気料金の大幅な節約が見込めるでしょう。また、電気自動車を所有していれば、無料時間帯に充電することで節約が可能となります。

しかし、無料時間帯以外の料金水準は高いため、生活スタイルによっては、通常料金メニューより支払額が高くなることもあります。TXUエナジーによると、夜間無料メニューは、消費電力量のうち25%以上を無料時間帯へシフトできる需要家にとって有益なメニューと紹介されています。

なお、再生可能エネルギーが普及するドイツなどでも卸電力市場価格がマイナスになっている時間帯が発生しています。今後、欧州でも無料メニューが登場する可能性があります。

2-4 顧客利便追求型

電気だけでなく、ガスや電話などのサービスを一括して契約できれば、消費者は、支払いや手続きを1回で済ませられるなど様々なメリットが生まれます。また、このようなサービスの中には、今まで利用していなかったものの、日常の生活を便利で快適なものに変えてくれるようなサービスがあるかも知れません。

一方、電力会社にとってこうしたセット契約は、消費者をつなぎ留め、自社のサービスを引き続き利用してもらえる点や、様々なサービスを提供することで自社の売り上げを増やすことができる点にメリットがあります。

そのため、欧米ではガスや通信とのセット契約が消費者に提供されています。

欧米では小売自由化前から電気とガスの両方を供給し、販売する会社が存在していました。また欧州では、電気とガスの自由化がほぼ同時に行われたため、ガスの供給を行ってこなかった電力会社がガスの供給事業に乗り出したり、あるいはその逆のケースも起こっています。電気とガスの両方を同じ会社から買うことになれば、消費者は支払いの手間を1回で済ませることができますし、会社側にとっても消費者を別々に管理する費用が節約できます。

このため、電気とガスをセットで販売し、それによって節約できた管理費用の一部を消費者に還元する形で料金を値下げし、新たな顧客獲得につなげようという動きが欧州で広がってきています。電気とガスのセット契約の普及率は、欧州各国の首都について見ると27カ国の平均で21%、最も普及率の高い英国ロンドンは67%となっています。

このように欧州ではほとんどが電気とガスのセット契約です。ガス以外については、英国とニュージーランドで通信のセット契約を提供している例がありますが、欧州では1990年代に多くの電力会社が通信事業に進出を試みたものの、いずれも失敗したことによる後遺症からか、その数はガスと比べてそれほど多くありません。

（1）電気とガスのセット契約

電気とガスのセット契約を英国ではデュアルフュエル（Dual Fuel）と呼んでいて、家庭用の消費者のうち、65%が選択しています。これは、英国で家庭用のガス市場が自由化された1998年の翌1999年に電力市場が全面自由化されたため、自由化になる前から契約していた電力会社が用意したデュアルフュエルか、ガス会社の用意したデュアルフュエルのいずれかを選ぶように、消費者のパターンが２つに分かれたからだといわれています。

デュアルフュエルといっても、必ずしもセット契約での割引があるとは限らず、単純に電気とガスの料金を足し算しただけのメニューもあります。

大手の電力小売会社のうち、ブリティッシュ・ガス（British Gas）とEDFエナジー（EDF Energy）の料金メニューを並べてみると（表3-4）、メニュー自体は多いのですが、契約する種別が、「電気」「ガス」「デュアル」の3つとなっていて、それぞれについて契約期間が「16カ月」「26カ月（もしくは42カ月）」「無期限」のいずれかを選ぶだけのシンプルなメニューとなっています。このメニューを両社同じ契約期間で比べてみると、EDFエナジーのデュアルフュエルの場合、「電気」と「ガス」のメニューをそれぞれ選んで足したものと年間支払額は同じになります。一方、ブリティッシュ・ガスのデュアルフュエルの場合、「電気」と「ガス」のメニューをそれぞれ選ぶよりも年間で15ポンド（約2,670円）安くなります。

ただし、ブリティッシュ・ガスのメニューでは解約手数料が設定されている点がEDFエナジーと異なっています。この解約手数料は要注意で、特に長期間の契約を結んだにもかかわらず急きょ解約することとなった場合などには、予想外の解約手数料を払うこととなります。このような点は日本の携帯電話やスマートフォンの契約と類似しています。

電気とガスのセット契約をデュアルフュエルと呼ぶのは英国発祥で、他の国ではあまり見られません。米国でも電気とガスの小売市場が自由化されている州で、同一の小売会社が電気とガスを小売供給しているケースはありますが、セットで契約したからといって料金が割引となるようなメリットは提示されていません。あえてメリットというのであれば、料金の請求・支払いが一本化される点であり、イリノイ、メリーランド、ニュージャージー、オハイオ、ペンシルベニアなどの州で可能となっています。

（2）電気と通信のセット契約

通信サービスについても、電気とのセットメニューの例があります。

英国では、通信事業者のテレコム・プラス（Telecom Plus）が固定電話契約や携帯電話契約、インターネット契約を電気とセットにすることで、電気やガスの料金を安くするサービスを提供しています。

また、ニュージーランドの小売大手のトラスト・パワー（Trust Power）は、電気、ガス、固定電話、インターネットの契約をセットにすることで各料金を5%割り引くというメニューを用意しています。

このように、通信の場合、3つ以上の契約をセットにすることが多くなっています。ただ、電気、ガス、電話といった契約はいずれも使用量に応じて請求額が毎月変化するため、契約変更によってそれぞれの料金が安くなったかどうか実感することは難しくなります。

表3-4　英国におけるブリティッシュ・ガスとEDFエナジーの電気・ガス料金メニュー（2014年10月）

会社名	種別	メニュー名	概要・契約期間	年間支払額（ポンド）	解約手数料（ポンド）
ブリティッシュ・ガス	電力	Fix & Fall March 2016	固定・16カ月	£534.46	£30
	電力	Fixed Price January 2017	固定・26カ月	£567.17	£50
	電力	Standard	変動	£534.46	なし
	ガス	Fix & Fall March 2016	固定・16カ月	£306.14	£30
	ガス	Fixed Price January 2017	固定・26カ月	£306.14	£50
	ガス	Standard	変動	£306.14	なし
	デュアル	Fix & Fall March 2016	固定・16カ月	£825.59	£60
	デュアル	Fix & Reward March 2016	固定・特典付・16カ月	£825.59	£60
	デュアル	Fixed Price January 2017	固定・26カ月	£858.30	£100
	デュアル	Standard Dual Fuel	変動	£825.59	なし
EDFエナジー	電力	Blue +Price Promise March 2016	固定・16カ月	£505.21	なし
	電力	Blue +Price Freeeeze May 2018	固定・42カ月	£584.59	なし
	電力	Standard (Variable)	変動	£556.29	なし
	ガス	Blue +Price Promise March 2016	固定・16カ月	£257.83	なし
	ガス	Blue +Price Freeeeze May 2018	固定・42カ月	£285.57	なし
	ガス	Standard (Variable)	変動	£279.33	なし
	デュアル	Blue +Price Promise March 2016	固定・16カ月	£763.04	なし
	デュアル	Blue +Price Freeeeze May 2018	固定・42カ月	£870.16	なし
	デュアル	Standard (Variable) Dual Fuel	変動	£835.62	なし

（1ポンド＝約178円）

（注）両社とも供給区域はロンドン市庁舎周辺、年間消費電力量は3,500kWh、年間ガス消費量は4,500kWhという条件を設定

［出所］各種資料をもとに海外電力調査会が作成

（3）完全月額定額料金

毎月の料金がまったく定額である料金メニューも提供されています。米国テキサス州のリライアント（Reliant）が提供する「プリディクタブル12」がそれで、需要家の過去12カ月の電力使用実績などに基づいて料金が提案され、契約期間中は電力の使用量に関係なく毎月同じ料金が請求されるというものです。ある意味で、定額使い放題の料金メニューですが、使い過ぎると次の12カ月の料金がその分高めに設定されることになります。

2-5 顧客嗜好型

顧客の好みに合わせた料金メニューです。電源選択ができるメニューがこれです。再生可能エネルギーを買いたいという顧客向けのグリーン電力はかなり前から登場しています。このほか社会に貢献したいという希望に応えようという社会貢献型メニューもあります。

（1）電源選択メニュー

環境面などの理由から消費者が好きな電源を選ぶことのできるメニューです。最もポピュラーなのは、再生可能エネルギーを電源とするグリーン電力料金です。再エネ電源の発電コストはまだまだ従来型電源よりも高いのですが、水力や風力を主体とするグリーン電力料金では、火力の電力と比べてもほとんど遜色のない水準のものが登場しています。

欧米ではグリーン電力料金の人気が高く、ほぼすべての電力会社がグリーン電力料金を料金メニューに加えています。グリーン電力料金だけで多くの顧客を獲得している新規参入の小売会社も少なくありません。

このほかドイツでは原子力100%メニューや電源構成を自分で好きなように選択できるメニューも登場したりしています。

◉グリーン電力料金メニュー

特定の電源をセールスポイントとする電気料金メニューのなかで最もポピュラーなのは、再生可能エネルギーを電源とした「グリーン電力料金メニュー」です。

欧米諸国では様々な電力会社が多様なグリーン電力料金メニューを設定しています。その内容は千差万別で、太陽光や風力により発電された電気そのものを消費者に販売しているメニューもあれば、特定の再生可能エネルギーにより発電されたことを証明する書類（グリーン電力証書）を発電会社などから購入して、付加価値を高めているメニューもあります。また、再生可能エネルギーの利用割合を設定したメニューや、消費者が利用割合を設定できるようなオプションを付けたメニューもあります。グリーン電力料金メニューの種類は多く内容も複雑なので、自分の求める電源の種類が正しくグリーン電力料金メニューに含まれているかどうかについては、消費者が詳しくその内容をみて、判断しなければなりません。米国とドイツの例をみてみましょう。

○米国

テキサス州やニューヨーク州など7州で電力小売事業を実施しているグリーン・マウンテン・エナジー（Green Mountain Energy）は、販売する電力のすべてをグリーン電力に限定しています。同社は、市場調査コンサルティング会社の顧客満足度調査で2014年にテキサス州で1位（2013年と2015年は2位）、2015年にニューヨーク州で1位を獲得するなど、消費者から高い評価を得ています。

またテキサス州では、チャンピオン・エナジー・サービス（Champion Energy Services）、リライアントといった小売会社が、供給する電気の100％を風力発電の電気とするグリーン電力料金メニューを提供しています。テキサス州は再生可能エネルギーによる発電量が多く、そうした電源事情が電気料金メニューの数にも反映されていると考えられます。実際、テキサス州最大の都市であるヒューストンでは、料金比較サイトで提示されている家庭用の電気料金メニューのうち、約25％に当たる64件のメニューが再生可能エネルギー100％のグリーン電力料金メニューとなっています。なお、再エネ100％のグリーン電力メニューは、テキサス州のほか8州およびワシントンD.C.で選択可能です。

また、再エネ100％ではないものの、供給される電力のなかで再エネの割合が高いグリーン電力の料金メニューは、テキサス州のほか10州およびワシントンD.C.で選択可能です。

○ドイツ

欧州でも同様に、多数のグリーン電力料金メニューがあります。例えばドイツでは、810社の小売会社が3,800種類ものグリーン電力料金メニューを提供しています。

ただし、再生可能エネルギー固定価格買取制度（FIT）を実施しているドイツでは、FITの交付金を受けた再生可能エネルギー（FIT電気）は環境という付加価値を付けて販売することが認められていないため、FIT電気単独でグリーン電力料金メニューを構成することはできなくなっています。

グリーン電力料金メニューとしての品質を保証するために、「認証ラベル」という制度が実施されています。この認証ラベルは、民間会社や非営利団体が発行しているもので、金銭的価値を持って取引されるものではなく、その点でグリーン電力証書とは異なります。あくまでその料金メニューで売られる電気が再生可能エネルギー電力であるなどメニューの品質を保証するためにのみ発行されるものです。ただし、認証ラベルの発行条件は統一されたものではなく、供給する電気の100%が再生可能エネルギーでない場合でも、認証ラベルが発行されている場合があります。

実際、ドイツでは過去2年間で小売会社を変更した消費者のうち約6割がこの認証ラベル付きのグリーン電力料金メニューを選択したとする調査報告がありますが、そのうち再生可能エネルギー100%の認証ラベルを有するグリーン電力料金メニューへの変更は、数も少なく割高だったことから1割にも満たなかったと言われています。

◉原子力100%メニュー

2014年末にドイツの小売会社マックス・エナジー（Max Energy）は、スイスの原子力発電所の電力100%で二酸化炭素（CO_2）排出量ゼロをうたった料金メニューを発表しました。それほど安くない価格水準にもかかわらず、気候変動問題に関心が高い消費者からの問い合わせが相次いだと伝えられています。ちょうど2014年12月にペルーの首都リマで、国連気候変動枠組み条約第20回締約国会議（COP20）が開催されるタイミングで登場してきた料金メニューのようです。

◉電源ミックスメニュー

ドイツの大手電力会社エーオン（E.ON）が2001年に発表した

「Mix-Power」は、同社のウェブサイトを開いて原子力、石炭火力、ガス火力、風力、太陽光などの比率を自由に組み合わせた電源ミックスを指定すると電力量単価が計算・表示され、消費者が同意すれば契約に進むというものでした。しかし、申し込みが2,000件程度しかなく、数カ月で打ち切られました。

（2）社会貢献型

顧客の個人的な利益には直接結び付かないものの、社会に貢献したいという希望に応えようというのが社会貢献型メニューです。例は少ないですが、英国ではスコティッシュ・パワー社ががんセンターへの5ポンド（約890円）の寄付、米国ではテキサス州の小売会社フォーチェンジ・エナジー（4Change Energy）が料金の4%をがん研究、災害支援、児童支援、フードバンクなどのボランティア団体に寄付するといったものがあります。

2-6 特典型

小売会社は顧客に選んでもらうための手段のひとつとして様々な特典付き電気料金メニューを提供しています。契約を締結することによって、あるいは契約後一定の条件、例えば一定期間以上契約を継続することによって、顧客は所定の特典をもらえる仕組みです。

特典としては、クレジットカードのポイントや航空会社のマイレージの加算、ギフト券・カードの進呈、提携店舗における割引価格でのショッピング、無料の家財修理保険、現金または一定の消費電力量のプレゼント、ボイラーや空調機の無料修理、節水型シャワーヘッドや遠隔操作できるスマート・サーモスタットの進呈などがあります。

マニアックなものもあります。英国には好きなラグビーチームのレプリカ・シャツ、米国には地元のアメリカンフットボールや大リーグのチームの選手のサインボールがもらえるといったメニューもあります。

小売会社にとって特典サービスは、顧客に契約を継続させる動機付けになったり、料金滞納を防いだり、多額の費用をかけずに顧客を獲得できるなどのメリットとなるのと同時に、うまく利用すれば顧客にとっても電気以外の付加価値が得られるという点で有益なサービスといえます。

表3-5は欧米の小売会社が提供する特典の一覧です。省エネを支援するもの、契約期間に応じての特典など様々あります。

（1）省エネを支援する特典

米国で再生可能エネルギーによる発電電力を供給している小売会社グリーン・マウンテン・エナジーは、消費者の節水を支援する目的で電気の契約に節水サービスを付加した料金プランを提供しています。具体的には、節水シャワーヘッドなどの節水グッズを無償で提供するプランや、家庭にある芝生用スプリンクラーの運転時間や散水量などを自動で制御できるようにする装置を無償で提供する料金プランが挙げられます。

また、同じく米国で、テキサス州を中心に小売事業を展開するリライアントやダイレクト・エナジーは、住人の生活パターンを人工知能で学習し、それに合わせてエアコンなどをコントロールする室温調整器（スマート・サーモスタット）を無償で提供する料金プランを提供しています。

表3-5　特典付きメニュー

国	会社名	料金メニュー名	特典内容
米国	TXU エナジー	TXU Energy Texas Choice 12 SM	1年間、電気代を期限内に支払った人に3%キャッシュバック
	リライアント	Reliant Secures 24 Plan with AAdbantage	アメリカン航空、サウスウェスト航空どちらかのマイルを2万7,000マイルプレゼント
		Reliant Cowboys Secure Adbantage 12 plan	地元テキサス州ダラスに本拠地を置く、アメフト(NFL)の名門ダラス・カウボーイズの選手のサインボールプレゼント
		Reliant Learn & Conserve 24 Plan	Nest社のスマート・サーモスタットを無料でプレゼント
		Reliant Rangers Secure Adbantage 12 plan	地元のプロ野球（大リーグ）チーム、テキサス・レンジャーズの選手のサインボールプレゼント
	グリーン・マウンテン・エナジー	Solar Sparc 10%など	商品券(100ドル：約1万2,200円分)プレゼント
		Pollution Free WaterSaver 12など	節水シャワーヘッドや、芝生用スプリンクラーの自動制御装置などの節水グッズを無料でプレゼント
		Pollution Free Efficient with Nest	Nest社のスマート・サーモスタットを無料でプレゼント
	ダイレクト・エナジー	Comfort & Control 24	Nest社のスマート・サーモスタットを無料でプレゼント
		Price Advantage 12 with Plenti	クレジットカード会社のAmerican Expressが運営するPlentiポイント（様々な店で利用できる共通ポイント）を500ポイント分プレゼント
	バウンス・エナジー	Terrific 12	商品券・アメリカン航空のマイル付き
		Bounce 12 +A/C Repair Coverage	空調機修理サービス付き
		Express Move 12	引っ越しする人向けに、運送会社の無料見積もりと引っ越し関係の手続きの代行サービス付き

国	会社名	料金メニュー名	特典内容
カナダ	ダイレクト・エナジー	アルバータ州向け電気料金メニュー	エアカナダの「アエロプランマイル」を2,000マイル（20米ドル相当）プレゼント
		アルバータ州向けデュアル・フュエルメニュー	エアカナダの「アエロプランマイル」を4,000マイル（40米ドル相当）プレゼント
		アルバータ州向けデュアル・フュエルメニュー（5年間の固定料金）	Nest社のスマート・サーモスタットを無料でプレゼント
英国	ファースト・ユーティリティー	Save Fixed March 2016 (Rugby Offer)	英国の好きなラグビーチームのレプリカ・シャツをプレゼント（ラグビーはサッカーに次ぐ英国の国民的人気スポーツ）
	セインズベリーズ・エナジー	Fix & Reward	大手総合スーパーのセインズベリーズで使える商品券（50ポンド：8,900円分）
	EDF エナジー	Blue Price Promise	他の料金メニューが安くなった場合にメールで教えてくれる無料サービス付き
	SSE	Fixed & Shop	商品券（50ポンド：約8,900円分）
	ブリティッシュ・ガス	Fixed & Reward	ネット通販大手アマゾンで使える商品券(50ポンド:約8,900分)
		Fixed & Boiler	家庭用ボイラー（多くの家庭で暖房や給湯に利用）の無料点検サービス
	スコティッシュ・パワー	Fixed Price Energy January 2018	家庭用ボイラーの無料点検サービスなど
	E.ON	Age UK Fixed 2 Year	60歳以上限定で、温度計をプレゼント
	エヌ・パワー	すべてのメニューが対象	Nest社のスマート・サーモスタットを割引価格で販売
ドイツ	RWE	RWE Strom 24 Stabil	新規契約で100ユーロ（約1万3,000円）をキャッシュバック
	EnBW	EnBW Privatstrom Natur Max 12	新規契約で110ユーロ（約1万5,000円）をキャッシュバック
	バッテンファル	Easy 12 Strom	新規契約で計100ユーロ（約1万3,000円）をキャッシュバック
	バッテンファル	Easy 24 Strom	新規契約で125ユーロ（約1万8,000円）をキャッシュバック

国	会社名	料金メニュー名	特典内容
イタリア	エネル	Semplice Luceなど	2年間の無料家財修繕保険付き。大手スーパーのカルフールなど、7,000店以上で割引利用できるカード（Enelmia）の交付
	アチェア・エネルジア	Acea Unica Monorariaなど	新規契約で最初の2年間、毎年100kWh分の電気を無料に
	イレン・メルカト	Blocca l'Energia 250	新規契約で最初の250kWh分の電気を無料に（1カ月分相当）
スウェーデン	E.ON	すべてのメニューが対象	省エネ家電を割引価格で販売
	バッテンファル	すべてのメニューが対象	省エネ家電を割引価格で販売
オーストラリア	AGL エナジー	AGL Savers	最初の1カ月分の電気料金が無料に
		すべてのメニューが対象	電気代を期限内に支払う、または口座引き落としにした場合、従量料金を18%割引
	オリジン・エナジー	eSaver	新規契約で25豪ドル（約2,200円）プレゼント
		すべてのメニューが対象	電気代を期限内に支払った場合、従量料金を16%割引
	エナジー・オーストラリア	すべてのメニューが対象（夏の期間限定キャンペーン）	新規契約した人から抽選で3,000豪ドル（約26万円）相当の旅行券、または300豪ドル（約2万6,000円）キャッシュバック
		すべてのメニューが対象	電気代を期限内に支払った場合、従量料金を16%割引
ニュージーランド	メリディアン・エナジー	すべてのメニューが対象	新規契約で100NZドル（約8,000円）のギフトカード
	コンタクト・エナジー	すべてのメニューが対象	電気代の支払いに応じてニュージーランド最大の共通ポイントのFlybuyポイント、またはニュージーランド航空のマイルがたまる。電気代を期限内に支払った場合、割引あり
	ジェネシス・エナジー	1年間固定料金	新規契約で1カ月分（250NZドル：約2万円相当）無料。さらに抽選で、1年間の電気代（2500NZドル：約20万円相当）を無料に。電気代を期限内に支払った場合、10%割引

［出所］各社ホームページより海外電力調査会作成

（2）契約期間に応じてもらえる特典

米国のテキサス州を拠点とし、ペンシルベニア州、ニューヨーク州でも小売事業を展開するバウンス・エナジー(Bounce Energy）は、契約の継続期間によって多様な特典サービスを提供しています。

例えば顧客が「バウンス・エナジー・リワード（Bounce Energy Rewards)」というサービスを選んだ場合、6カ月で映画チケットまたはレストラン食事券、12カ月で商品券といった特典を受けることができます。特典のグレードアップを狙ってより長期の契約をするインセンティブともなっています。

一方で、バウンス・エナジーの規定では、参加しているサービスプログラムを途中で変更すると、累計の契約期間はリセットされてしまいます。ですから顧客はプログラムを変更するのであれば、あらかじめルールを理解しておかなければなりません。

さらにバウンス・エナジーは、同社の特典サービスを受けるには毎月期限内に電気料金を支払うという条件を設けています。そのため、例えば表3-6の“キャッシュバック・リワード”を選んだ顧客は、11カ月間きちんと期限内に電気料金を支払っていたとしても、12カ月目に支払い期限を守れなかった場合、3%キャッシュバックの特典を受けることはできず、再び1カ月目からのスタートとなってしまいます。顧客にとってはある意味厳しいルールですが、サービスを提供する小売会社としては、このような条件を設けることで顧客の料金滞納防止を促すものとみられます。ちなみに英国では、このような契約の継続によって特典を付けることは禁止されています（第5章参照)。

表3-6　バウンス・エナジーの特典サービスプログラム（テキサス州）

特典サービス	サービス概要
バウンス・エナジー・リワード (Bounce Energy Rewards)	契約継続期間に準じてギフトカード、電気料金割引などの特典（表3−5）参照
アメリカン航空Aアドバンテージ・リワード（American Airlines AAdvantage Rewards)	電気料金1ドルにつきアメリカン航空マイレージサービスで1マイル付与
キャッシュバック・リワード (Cash Back Rewards)	12カ月間契約後、毎月3%のキャッシュバック
母親向け特典サービス (Mommy Merits Rewards)	契約継続期間に応じて家族向けのギフトカードなどの特典

［出所］バウンス・エナジーホームページ

表3-7　バウンス・エナジーの特典サービス「バウンス・エナジー・リワード」の概要

契約継続期間	特典の内容
6カ月	映画チケット2枚またはレストランギフトカード（50ドル分）
12カ月	50ドル分の電気料金割引またはVISAギフトカード（50ドル分）
18カ月	スターバックスギフトカード（15ドル分）、ウォルマートギフトカード（15ドル分）またはRed Envelope（ギフトショップ）ギフトカード（15ドル分）
24カ月	電気料金1カ月分が無料(注)
30カ月以降	毎月電気料金3%割引

（注）過去24カ月の平均
※50ドル＝約6,100円
　15ドル＝約1,800円

［出所］バウンス・エナジーホームページ

（3）デパートやスーパーの独自ポイントや商品券がもらえる

英国では、一部のデパートやスーパーマーケットが独自ブランドの電気料金メニューを販売している例もあります。独自ブランドのメニューは、電力大手の料金メニューより若干、割安になる部分のあるメニューとなっています。さらに契約時には、自社ブランドのポイントや商品券がもらえるので、そのデパートやスーパーを使う顧客には魅力的な内容となっています。

（4）新規加入特典

プレゼントや料金還元といった加入特典もあります。ニュージーランドでは、メリディアン・エナジー（Meridian Energy）が新規契約者に対し100NZドル（約8,000円）のギフトカードをプレゼントしています。また、パワーショップ（Power shop）では、他社から乗り換えてきた新規契約の顧客に75NZドル（約6,000円）分の電気代をプレゼントしています。

また、オーストラリアでは、エナジー・オーストラリア（Energy Australia）が、夏休みの期間限定で新規加入特典として、抽選で3,000豪ドル（約26万円）相当の旅行券をプレゼントしたり、300豪ドル（約2万6,000円）の電気代還元キャンペーンを実施しています。

（5）知り合いを紹介することでもらえる特典

米国では多くの小売会社が知り合い紹介プログラムを取り入れています。典型的な例としては、「ある顧客が知り合いに事業者を紹介し、契約に至った場合、紹介者と契約者の翌月の電気料金が50ドル割引される」といったサービスが挙げられます。

需要家にとっての利点としては、①紹介した顧客と紹介された顧客の両者が特典を受けることができる、②シンプルで分かりやすい特典内容――などです。一方、サービスを提供する小売会社にとっても、顧客の人脈を利用することで、多額の広告・宣伝費用をかけずに新規顧客を獲得できるという利点があります。

2-7 業務効率化型

電気料金メニューを選ぶ場合、料金水準や料金メニューの内容、付随して受けられるサービスの有無など、着目すべきポイントがありますが、電気料金の支払い方法についても、海外の事例ではいくつかの選択肢があります。例えば、オンラインによる契約申し込み、料金請求、料金の口座引き落としを条件に安い料金を設定している場合が一般的ですが、通常の料金メニューから一定率を割り引く例もみられます。

これらは顧客利便性もさることながら、小売会社にとって業務効率化につながるものといえるでしょう。

（1）前払い料金（プリペイド）

英国には古くからプリペイド方式の電気料金メニューがあり、低所得者向けの需要家保護メニューと位置付けられてきました。最近ではスマートメーターが導入され、小売会社のシステム構築が容易になったこともあり、電気料金を前払いできることを積極的にアピールする小売会社もあります。低所得者をはじめ学生や高齢者を中心に普及しています。

英国ではロンドンなどで、米国では18の州でプリペイドサービスが提供されています。

ただ、次のような問題点が指摘されています。プリペイドサービスの契約の中には、事前に支払った残高がゼロとなった時点で、小売会社が電気の供給を停止できるようになっているものがあります。ライフラインである電気の供給については、残高がゼロとなったとしても支払いの猶予や支払い交渉の余地があるべきだとの意見もあります。電話や電子メールで供給停止を予告するなどしかるべき手続きを踏んだ後も支払いがなければ、供給停止もやむなしとなるようです。

日本で類似のサービスが導入されるのか、どのようなルールとなるか、まだはっきりしていませんが、そうしたサービスを利用する場合には、残高がゼロとならないよう、十分な注意が必要です。

（2）オンライン料金（ペーパーレス契約）

インターネットの普及やペーパーレス化の影響で、申込書類のやり取りや請求書・領収証などの郵送を省略して、オンラインで契約や支払いを実施する方法が広まりつつあります。このようにインターネットの利用により割安な電気料金メニューを設定する小売会社が増えています。

例えば英国では、オンライン契約を選択することで消費者が割引を受けることが認められています。料金明細書などを郵送しなくて済むので小売会社にもメリットがあるのですが、これ以外にも料金比較サイトなどを介して割安な料金メニューを探そうとする消費者層を取り込むため、事業者が積極的に割引価格を提示していると考えられます。

スペイン最大の電力会社エンデサ（Endesa）は、オンライン契約で基本料金と電力量料金から12%割り引く料金メニューを提供していますし、イタリアでも同様なオンライン契約料金を提供する小売会社があります。また、米国ではテキサス州最大の電力会社TXUエナジーなどがオンライン契約料金を提供しています。オーストラリアでもオンライン契約は一般的で、クリック・エナジー（Click Energy）という名前の店舗を持たないオンライン専業の電力会社まで登場しています。

（3）年間料金を月割にするタイプの固定型料金

このほか、電気料金を1年単位で精算することを条件に、毎月の支払額を一定にするメニューもあります。前年の使用した電力量をベースに1年間の電気料金を想定し、それを12カ月で分割するなどして請求するのです。

英国では、請求書に基づく現金払いやクレジットカード払いという支払い方法のメニューのひとつとして、ダイレクト・デビットという料金メニューがあります。想定される年間の使用電力量を基に、それに対応する電気料金を毎月定額で口座振替により支払う方法です。電力メーターによる使用量の確認は年1回だけ実施し、想定に基づく電気料金と実費との差額は翌年の振替額で精算します。

フランス電力会社（EDF）では、前年度の使用量実績をもとに、はじめの10カ月（1～10カ月目）は前年実績の10分の1ずつを毎月均等に口座振替で支払い、10カ月目に実施する電力メーターの確認（年1回）で年間使用量を確定させ、残りの2カ月（11、12カ月目）で精算するという形でのメニューを用意しています。最後の2カ月で精算が発生するものの、消費者は、毎年10カ月間、電気料金支払いを一定額とすることができるようになります。またはじめの11カ月を均等割りで支払い、最後の1カ月で精算するサービスを選択することもできます。

フランスでは2012年時点で、電気を含め公共サービス料金の支払いに国民の約7割がこうした月割の均等支払いサービスを利用していたというデータもあります。

（４）その他の制度

米国の一部の州やオーストラリア、ニュージーランドなどでは、小売会社が当座の運転資金を確保する目的や、販売した電気の料金回収を確実にする目的で、契約時に約2カ月分の電気料金に相当する金額を保証金として預け入れることを求める場合があります。この保証金は、日本で部屋を借りる時に支払う敷金のように返還されます。

しかし、保証金の預け入れは、小売会社の経営破綻や事業撤退により保証金を失うリスクが生じたり、保証金を用意するだけの手持ち現金がなかったりと、消費者にとってあまりうれしくない制度と言えます。

3 日本の料金メニューのこれから

日本でも2016年4月から電力の小売全面自由化が実施されます。小売事業に参入する各社は、次々と料金メニューを発表していますが、第3章の最後に、2016年1月7日に東京電力が発表した、小売自由化向けの料金メニューを見ることにしましょう（表3-8、3-9)。

新しく発表された料金メニューでは、従量電灯で採用されていた3段階料金が2段階となったもの（スタンダードプラン）や、一定の使用量を超えると割安となるもの（プレミアムプラン)、1年間のピーク電力から基本料金を決定する仕組み（スマート契約）が導入されることとなります。また、多くの提携先とのセット割メニュー（スタンダードプランとプレミアムプランのみ対象）も発表されたほか、1,000円につき5ポイントがたまるポイントサービスも導入され、Pontaなど提携先とのポイント交換が可能となります。

また東京電力は、中部や関西エリアでも小売事業を行うとして、両エリアでの料金メニューも発表しました。メニューや単価はやや異なりますが、どちらのエリアでも自由化前の料金より3～5%のメリットが出るプランに設定しているようです。

なお、全面自由化前の料金メニューについては、2016年3月31日をもって、従量電灯などの一部の料金メニュー（規制料金）を残し、新規の契約ができなくなります。

また、この規制料金は、東京電力だけではなく、各大手電力会社が自由化後も2020年頃まで経過措置として残される予定です。海外の事例を見ると、大手電力会社の料金に対する規制がすぐに

表3-8　東京電力の新料金メニュー（関東地域向け）

<table>
<tr><th colspan="2">プラン名称</th><th>概要</th><th>特徴</th></tr>
<tr><td rowspan="3">スタンダードプラン</td><td>スタンダードS</td><td>60Aまでのアンペアブレーカー契約</td><td rowspan="2">電力使用量300kWhを境とした2段階で電力量料金単価を設定。時間帯による単価差はない。ガスなどとのセット割引契約可能</td></tr>
<tr><td>スタンダードL</td><td>6kVA（60A）以上を対象とした契約</td></tr>
<tr><td>スタンダードX</td><td>スマートメーターで計測した1年間のピーク電力から基本料金を決定（スマート契約）</td><td>上記S、Lと電力量料金は同じだが、基本料金の単価が高いため、使用量を工夫し、ピーク時の電力（kW）を抑えることで、割安な料金となる。ガスなどとのセット割引契約可能</td></tr>
<tr><td colspan="2">プレミアムプラン</td><td>400kWhまで電力量料金が定額。400kWhを超えると単価が割安となる</td><td>毎月たくさん電気を使う人（17,000円/月以上）向け。無料での設備トラブル点検など有（電気の駆けつけサービス）。基本料金はスマート契約。ガスなどとのセット割引契約可能</td></tr>
<tr><td colspan="2">スマートライフプラン</td><td>午前1時から午前6時までの夜間料金を割安に設定。オール電化利用者向け</td><td>エコキュートなどの夜間用設備の設置が条件。住宅設備故障時の修理サービス有。基本料金はスマート契約</td></tr>
<tr><td rowspan="2">夜トクプラン</td><td>夜トク8</td><td>午後11時～午前7時までの夜間料金を割安に設定</td><td>基本料金はスマート契約</td></tr>
<tr><td>夜トク12</td><td>午後9時～午前9時までの夜間料金を割安に設定。</td><td>基本料金はスマート契約</td></tr>
<tr><td colspan="2">動力プラン</td><td>大型エアコンや業務用冷蔵庫等の設備向けメニュー</td><td>低圧電力と同様に、夏季（7～9月）の電力量単価を高めに設定。スタンダードパックと合わせた割引「ビジネスパック2年割」がある</td></tr>
</table>

［出所］東京電力ホームページより海外電力調査会作成

表3-9　東京電力の主な提携先一覧

提携項目	会社名	内容
ポイントサービス（東京電力のポイントサービスとの変換）	カルチュア・コンビニエンス・クラブ、Tポイント・ジャパン	Tポイントの提供
	ロイヤリティマーケティング	Pontaポイントの提供
セット販売	カナジュウ・コーポレーション、河原実業、ニチガスグループ	ガスとのセット割
	川島プロパン、レモンガス	ガス、宅配水とのセット割
	ソフトバンク	携帯電話とのセットプラン
	TOKAIグループ	TOKAIグループ商材（ガス、通信、ケーブルテレビなど）とのセット割
	USEN	音楽放送とのセット割
サービス・メニューの提供	ソネット	インターネット接続の専用メニューを提供
	リクルートグループ	リフォーム会社の紹介などくらしサービスの提供
電気の販売代理	エネチェンジ、ビックカメラ	店頭、インターネット上での販売代理

［出所］東京電力ホームページより海外電力調査会作成

撤廃される場合、電気料金が上昇したケースがあるからです。全面自由化後の状況などによって、この経過措置を撤廃するかどうか決めることになっています。

一方、新規小売電気事業者の料金メニューはどうでしょうか。各社とも大手電力会社の価格を意識しながら、特に電気を多く使う人をターゲットとして料金メニューを設定しているように思います。また、ガソリンを10円引きにするなど、自社のサービスとのセット割や料金割引・還元サービスも提供されることとなります。メニュー発表後、各社はTVコマーシャルを流したり、東急

表3-10　主な小売電気事業者の特徴　　（2016年1月末時点）

小売電気事業者	特徴
東京ガス	ガスや通信サービスとセット割。年間10万円ほど電気を使う場合、東京電力より4～5％安い。セット契約者は料理レシピサイト「クックパッド」の有料サービス等が利用できる
大阪ガス	ガスとのセット割を展開。関西電力よりも最大5％安い。
東急パワーサプライ	東急線沿線の家庭を対象。グループ会社のクレジットカード決済によってポイントがたまる。定期券に関するサービスも検討中
KDDI	au携帯利用者を対象にセット割を実施。利用料の最大5％をキャッシュバック。スマートフォン向けのアプリにより電気の消費量の見える化を提供
ジュピターテレコム（J:COM）のグループ各社	ケーブルテレビ加入者を対象として販売を実施。300kWhを超える使用量となる場合、電力量料金単価では東京電力より10％安い
JXエネルギー	300kWhを超える使用量となる場合、電力量料金単価では東京電力より14％安い。ガソリン料金の割引なども実施
昭和シェル石油	30A以上の契約が対象。「ガソリンが10円/L安くなる電気（名称：ドライバーズプラン）」を展開

［出所］各社ホームページより海外電力調査会作成

パワーサプライでは契約の事前申し込みを開始した2016年早々から「電気も初売り」というキャンペーンを展開し、年にちなんで抽選で2016名に2016円分の割引を行うなど、各社が新規契約獲得に向けて、積極的な販売活動を行っています。

さて、このように各社の料金メニューも出そろいつつありますが、それぞれ契約できる地域や対象者が異なっています。全面自由化開始後に、新たな料金メニューやサービスが展開されていくことも予想されますので、そうした動きを見極め、どのプランが自分に合っているのか、料金比較サイトなどを使いながら、じっくりと検討してみてはいかがでしょうか。

自由子の３章メモ

世界と日本の電気料金について

・日本の標準的な家庭用の電気料金は基本料金と電力量料金で構成されている。

・日本の電力量料金は使用量が少ないほど単価が安い設定になっている。

・海外では長期の固定型料金は単価が高く設定される傾向にある。

・変動型料金は燃料価格下落局面にメリットがある。

・需給調整に貢献するとお得なメニューがある。

・米国テキサス州では時間によって料金が無料のプランがある。

・欧米ではセット契約だからといって安くなるわけではない。

・電源選択メニューではグリーン電力が人気。

・特典メニューや、業務効率化に貢献するとお得になるメニューもある。

テキサスの実家では、昼間はほとんど電気を使わないから、夜間無料プランを選んでいるよ

第4章

海外に学ぶ 電力会社の賢い選び方

1　全面自由化でも電力会社を「変えない」人も多い

第3章で述べたように、電力の小売自由化が先行する欧米諸国では、全面自由化によって電力会社が顧客を獲得するために工夫を凝らし、様々な特色ある電気料金メニューが提供されるようになりました。

しかし、そうした国々でも、必ずしも大勢の人が積極的に電力会社や料金メニューを変更している訳ではないようです。電気料金メニューを選ぶのは、「引っ越し」がきっかけだったり、自由化前の契約を継続して「特に何も変えない」というケースも多いようです。

全面自由化が始まっても多くの人が「何も変えない」理由のひとつには、消費者に電力自由化についての知識や関心がないことが考えられます。そして、もうひとつの理由として、最初の理由と矛盾するようですが、情報が多すぎるなどの理由から「選べない」ことも指摘されています。

小売会社を変更することを専門用語で「スイッチング」といいます。そして、このスイッチングの妨げとなるものを、「スイッチング・コスト」といいます。スイッチング・コストには様々なものがありますが、需要家があふれる情報をさばききれなくなって、購入（契約）する決断を先送りしてしまうのも、スイッチング・コストのひとつといわれています。

そうした問題を解決し、需要家のスムーズなスイッチングをサポートする手段として、海外では電気料金の比較サイトが積極的に活用されています。

2 料金比較サイトを活用する

米国や英国、ドイツなど既に電力の小売自由化をした国々では、インターネット上の料金比較サイトを通じて、電力会社や電気料金メニューを比較する人が多いようです。自宅の郵便番号と、電気の使用量（わからない場合は、家族の人数など）を入力するだけで、おすすめの電気料金メニューをランキング形式で表示してくれるので、手軽に利用することができます。

また、従来の電力会社や小売会社にとっても、料金比較サイトは重要な広告やマーケティングのツールになっています。英国のとある電力会社がグリーン電力料金メニューの販売を試みたものの、他社の電気料金メニューと比べて割高だったために、料金比較サイトで上位に表示されず、消費者から見つけてもらうことができなかったという事例もあります。

料金比較サイトも、それぞれのお国柄で、運営者や掲載されている情報などが少しずつ異なります。英国、ドイツ、米国の事例を見てみましょう。

◉英国　規制当局がサイトを認定

英国では、小売全面自由化以降、数多くの料金比較サイトが登場し、電力会社を選ぶ方法として、比較サイトの活用がトップにくるほど、広く国民に利用されています（図4-1）。規制機関のガス・電力市場局（OFGEM）の認定を受けているものだけでも12サイトあり、その内容は電気・ガスに絞ったものから、携帯電話から銀行、生命保険など幅広いジャンルの商品を取り扱うサイトまで様々です。しかし、各サイトで掲載されている情報の公平性を問題視する声も上がっています。OFGEMは、消費者の混乱を防ぐため、2015年3月にインターネット上の料金比較サイト運営者向けの指針（Code of Practice）を作成し、電力・ガス小売会社と関係のない団体・企業が運営していること、公平な情報を提供すること、必ず2社以上表示して比較できるようにすることなど、いくつかの基準を提示しています。この基準を満たした料金比較サイトを、OFGEM認定サイトとして公表しています。

料金比較サイトは消費者教育を支援する側面も持っていて、「kWhとは何ですか？」といった電気料金を選ぶときに必要な基本的な情報も一緒に提供しています。

英国で最もよく利用されている料金比較サイトのひとつ、「uSwitch?」は、英国の小売全面自由化の開始とともに2000年に開設されました。このサイトの特徴として、ユーザーから顧客対応が最も良かった電力会社を投票してもらい、毎年その結果を公表する取り組みを行っています。ここで見事1位を獲得した電力会社は、「XXサイト2016年カスタマーサービスNo.1!」などと、自社のホームページに貼り出して、積極的に優良な事業者であることをアピールしています。

また、消費者が電力会社を比較・選択しやすいように料金メニューの数は各社4つまでと規定されています。第5章でも述べますが、「uSwitch?」で表示されるメニューの数も「最安値のメニュー」「地域で最も人気のあるメニュー」「カスタマーサービスで表彰を受けた会社のメニュー」の3種類が分かりやすく一番上に表示されるように工夫されています。

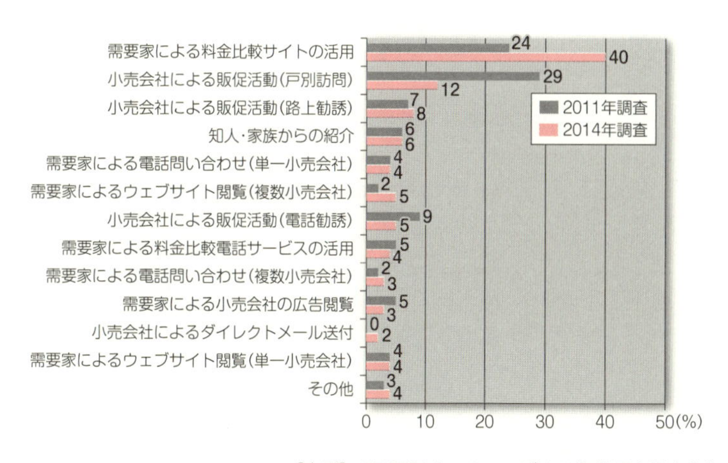

［出所］OFGEMホームページより海外電力調査会作成

図4-1　電力会社の選び方：料金比較サイトの活用がトップ（英国）

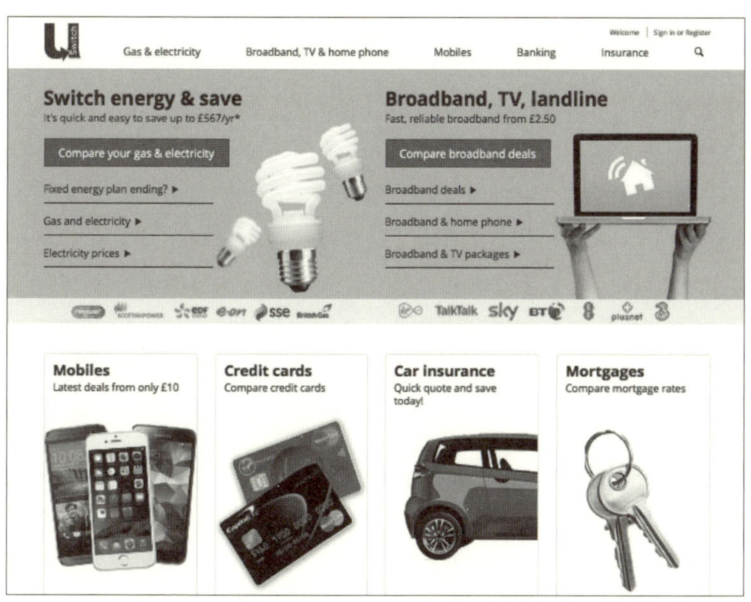

［出所］http://www.uswitch.com/

図4-2　uSwitch?（英国）の料金比較サイト

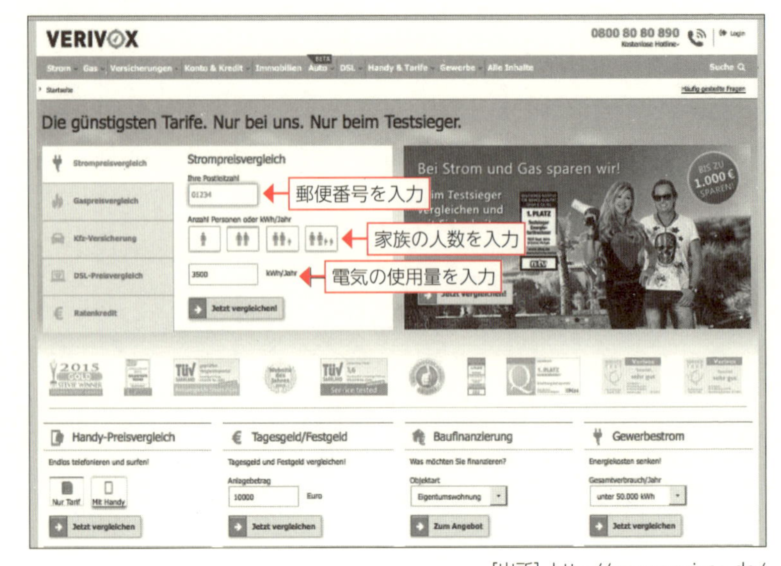

［出所］http://www.verivox.de/

図4-3 Verivox（ドイツ）の料金比較サイト

◉ドイツ　膨大なメニューと口コミ表示

ドイツでは、「Verivox」という料金比較サイトが有名です。このサイトでは、料金を比較するだけでなく、電力会社の変更手続きもワンストップでできるようになっています。インターネットでの手続きが苦手な人のために、電力会社のカスタマーサービスの電話番号も掲載されており、その場で電話して、電力会社の変更手続きを進めることができます。Verivoxでは、今の電力会社から変更することで年間いくら安くなるのかといった情報から、電源構成、利用者による電力会社の評価や口コミまで掲載されています。電力会社の数が多いため、1回の検索で表示されるメニューの数も400件以上と膨大です。また、再生可能エネルギーを活用した「グリーン電力料金メニュー」のみを扱う料金比較サイトも運営されています。

[出所] http://www.powertochoose.org/

図4-4　Power to Choose（テキサス州）の料金比較サイト

◉米国　州運営でシンプルなつくり

米国の場合、州によって異なりますが、多くの自由化州において規制機関が料金比較サイトを運営しています。ここでは、テキサス州とコネティカット州の例を見てみましょう。

テキサス州の規制機関が運営している料金比較サイトでは、掲載されている情報は会社名、メニュー名、価格といったシンプルな作りで、利用者の口コミ情報などは掲載されていませんが、規制機関に寄せられた苦情の件数を見ることができます。このサイトではドイツの事例と同様に、1回の検索で300件近くの膨大なメニューが表示されています。また、英国やドイツと同様に料金比較サイトから直接電力会社に連絡したり、電力会社のウェブサイトに移動することで電力会社を変更することができるようになっています。

コネティカット州でも、州の規制機関が比較サイトを運営しています。ここでは、既存の電力会社の標準的な料金メニューがベンチマークとして最上段に表示され、新規参入した小売会社の料金と比較できる仕組みになっています。また、電力会社を変更すると、いくら安くなるのか（または、いくら高くなるのか）が、はっきりと数字で示されています。

冒頭で、料金比較サイトは小売会社にとってマーケティングツールとしても重要だと述べました。しかし、電力会社を変更しようと思い立った人が料金比較サイトにアクセスして、そのまますぐに変更に至るとも限らないようです。電力会社を変更する人は、一般的に新しい電力会社と契約を結ぶまでの間、料金比較サイトだけでなく、テレビCMやインターネットなども含め、複数回にわたり新しい電力会社に関する情報に触れるケースが多いと考えられます。そのため、小売自由化している国や地域の電力会社は、様々な媒体を通じて需要家にアプローチするよう心掛けているようです。

3 電源で選ぶ ——電源情報開示を義務付け

みなさんの中には、電気料金が安いか高いかだけではなく、どんな方法で発電されている電気かを知りたいという人もいらっしゃるのではないでしょうか。欧米では、小売会社に対し、消費者への電源構成情報の開示が義務付けられています。

電源情報を開示する背景としては、まず消費者がニーズに合致した電気料金メニューを選択できるようになることが挙げられます。また、複雑な電気料金メニューが多数提示されている場合でも消費者が適切な電気料金メニューを選択できる判断材料になり、消費者保護策として機能するかもしれません。小売会社側も、例えば風力発電や太陽光発電といった再生可能エネルギー電力の割合を高めた電気料金メニューを作成すれば、電源情報開示によって自社の料金メニューをアピールすることができるようになります。では具体的に欧米の事例を見てみましょう。

◉米国　電源構成だけではなく、二酸化炭素の排出量なども開示

小売市場が全面自由化されている13州とワシントンD.C.では、電源構成情報の開示が義務付けられています。部分自由化州や自由化されていない規制州でも、一部で電源情報が開示されています。これらを合計してみると、24州とワシントンD.C.となり、米国の半数の州が、電源の情報開示を行っているということになります。

開示される情報は、火力、原子力、再生可能エネルギーといった電源構成だけではなく、二酸化炭素（CO_2）、窒素酸化物

（NO_x）、二酸化硫黄（SO_2）といった大気汚染物質の排出量も消費者に開示するケースが一般的です。どのような情報を開示するのか、大気汚染物質の排出量まで掲載するのかどうかは州によって異なります。

メリーランド州のポトマック・エジソン（Potomac Edison）の電源情報ラベルを見てみましょう（図4-5）。同社の電気は、石炭火力、原子力、ガス火力が主電源のようです。さらに、燃料電池や再生可能エネルギーの内訳まで明示しています。大気汚染情報については、同じメリーランド州でグリーン電力料金メニューを提供しているインスパイアー・エナジー（Inspire Energy）の

Energy Sources（Fuel Mix）

These energy resources were used to generate electricity for the PJM region,which includes Potomac Edison, from Jan.1toDec.31,2014

Coal	43.49%
Fucl Cell-Non-Renewable	0.03%
Gas	17.50%
Nuclear	34.72%
Oil	0.25%
Renewable Energy:	
Captured Methane Gas	0.30%
Hydroelectric	0.95%
Solar	0.05%
Solid Waste	0.53%
Wind	1.95%
Wood or other Biomass	0.23%
Total Renewable Energy	4.01%
Total Energy.Resources	100.00%

Air Emissons

The amount of air emissons associated with the generation of electricity for the PJM region, which includes Potomac Edison,is shown below.

Pounds Emitted per Megawatt-bour of Electricity Generated

Sulfur Dioxide（SO_2）	2.23
Nitrogen Oxides（NO_x）	0.90
Carbon Dioxide（CO_2）	1,107.77

CO_2 is a "greenhouse gas," which may contribute to global climate change.SO_2 and NO_x released into the atmosphere react to form acid rain.NO_x also reacts to form ground level ozone, a component of "smog."

電源構成（フュエル・ミックス）を記載

これらの電源はPJM域内（ポトマック・エジソンを含む）における発電のために2014年1月1日から2014年12月31日の期間に利用された

石炭：43.49%
燃料電池（非再生可能エネルギー）：0.03%
ガス：17.50%
原子力：34.72%
石油：0.25%
再生可能エネルギー：4.01%
メタンガス：0.30%
水力：0.95%
太陽光：0.05%
固形ゴミ：0.53%
風力：1.95%
木材またはその他バイオマス：0.23%
合計：100%

大気汚染物質排出量を記載

PJM域内（ポトマック・エジソンを含む）における発電のために排出された大気汚染物質排出量は下記の通りである。発電電力量（MWh）当たりで排出されたポンド（※重量単位）

二酸化硫黄：2.23
窒素酸化物：0.90
二酸化炭素：1,107.77

二酸化炭素は世界的な気候変動を引き起こす恐れがある"温室効果ガス"である。大気中に排出される二酸化硫黄および窒素酸化物は酸性雨を発生することにつながる。また、窒素酸化物は地表レベルのオゾンである"スモッグ"を発生することにつながる

［出所］ファースト・エナジーのホームページより海外電力調査会作成

図4-5　ポトマック・エジソンの電源情報ラベルの例

電源情報ラベルも見てみましょう（図4-6）。こちらは電源構成が風力100%であることが記載されており、大気汚染情報についてもCO_2、NO_X、SO_2は排出量ゼロとなっています。

◉欧州　放射性廃棄物発生量も開示義務付け

欧州では、電源構成やCO_2排出量だけではなく放射性廃棄物の発生量も消費者に開示することが義務付けられています。ドイツでは、小売会社がグリーン電力料金メニューを提供している場合、小売会社はドイツ国内全体、小売会社、グリーン電力料金メニュー、グリーン電力料金メニュー以外の一般的な電気料金メニューの電源構成、CO_2排出量、放射性廃棄物の発生量などを開示することになっています。

ドイツのエナギー・バーデン・ヴュルテンベルク（EnBW）の

ELECTRIC SUPPLY DATA FOR JANUARY-DECEMBER 2013		
Energy Source (Fuel Mix)	PJM System*	Inspire Energy' s 100% Renewable
Coal	44.4%	0.0%
Nuclear	35.1%	0.0%
Natural Gas	16.4%	0.0%
Wind	1.9%	100.0%
Hydro	1.0%	0.0%
Other	1.2%	0.0%
Total	100.0%	100.0%
Air Emissions		
Average Nitrogen Oxides(NOX),Sulfur Dioxide(SO2),and Carbon Dioxide(SO2)emissions for the residual mix in the PJM Region		
Emission Type	PJM System Lbs. per MWh	Inspire Energy' s 100% Renewable Lbs. per MWh
NOx	0.95	0.00
SO_2	2.21	0.00
CO_2	1111.79	0.00

電源構成（フュエル・ミックス）を記載
左側に地域全体（PJM System）の電源構成、右側にインスパイアー・エナジーの電源構成を記載
インスパイアーエナジーの電源構成は風力100%

大気汚染物質排出量を記載
左側に地域全体（PJM System）の大気汚染物質排出量、右側にインスパイアー・エナジーの大気汚染物質排出量を記載
インスパイアー・エナジーの大気汚染物質排出量は、窒素酸化物：0.00、二酸化硫黄：0.00、二酸化炭素：0.00ポンド/MWh

［出所］インスパイアー・エナジーの環境情報（Environmental Information）より海外電力調査会作成

図4-6　インスパイアー・エナジーの電源情報ラベルの例

電源情報ラベルを見てみましょう（図4-7）。EnBWの電源情報ラベルには会社全体、グリーン電力料金メニュー、標準的な電気料金メニュー、ドイツ全体の電源情報が掲載されています。

欧米諸国で開示されている電源構成や大気汚染物質の排出量のデータは前年実績値です。消費者の中には現時点で使っている電気がどのような電源構成なのかということに関心がある方もいるかもしれませんが、リアルタイムで電源構成を開示することは制度運用上、難しい側面もあります。また、運用コストも膨れ上がることになりかねません。ですから、欧米諸国では前年実績値を利用しています。

電源情報の開示方法については、一般的に電気料金請求書やホ

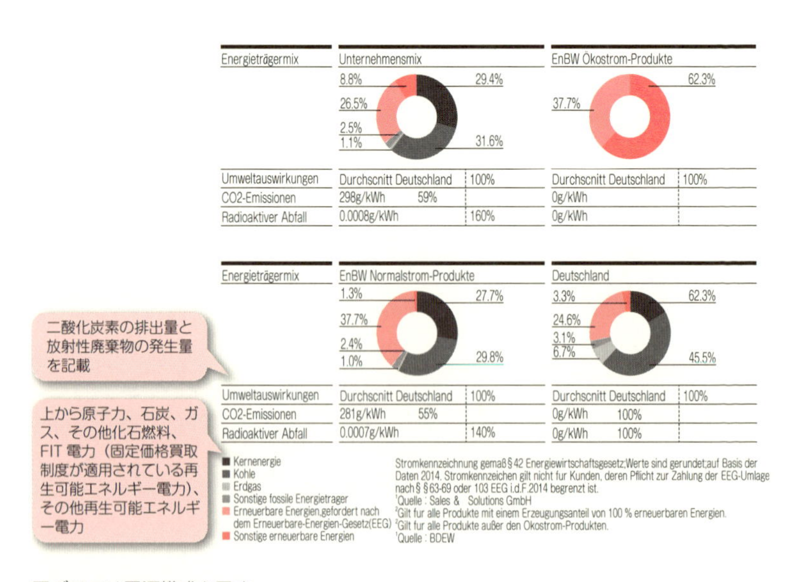

円グラフは電源構成を示す
左上はEnBW全体、右上はグリーン電力料金メニュー、左下は標準的な電気料金メニュー、右下はドイツ全体

［出所］EnBWホームページより海外電力調査会作成

図4-7　EnBWの電源情報ラベルの例

ームページ、小売会社の販売促進用資料などに記載されているケースがほとんどです。記載される電源情報開示のフォーマットも標準化されている場合が一般的です。

コラム　日本の小売自由化では

日本でも小売全面自由化に当たり、小売電気事業者に対し、電源やCO_2排出係数を開示することが推奨されています。これは「電力の小売営業に関する指針」で定められているもので、電源構成の表示の仕方などが決められています。再生可能エネルギー固定価格買取制度（FIT）の適用を受けた電気は、電気の利用者全員がその費用を負担するため、「FIT電気」として表示することはできても、「環境に優しい」などの表現は使用できないことになっています。

電気料金の比較サイトは、日本でもすでに登場しています。電力会社や電気料金メニューを選ぶときには、こういったサイトを活用してみるのもよいかもしれません。

4 規制料金と自由料金の関係は

4-1 小売自由化後も規制料金が残ることも

小売自由化が行われる前は、一般家庭への電力販売は独占的な電力会社に限定されていたため、不適切な価格設定を行わないよう規制当局が電気料金を規制してきました（規制料金）。

しかし、電力の小売全面自由化が実施されると、新規参入者は自由に設定した料金（自由料金）で消費者に電力供給を行うことができるようになります。例えば、安い燃料が使えるなどコストパフォーマンスのよい発電設備を多数所有しているような新規電力会社は、割安な電気料金を提示することができます。発電設備を持たない新規参入者は、卸電力取引所から調達した電力や特定の発電会社から購入した電力で消費者に電力供給しなければならず、卸電力市場の価格水準と連動した電気料金を提示することになるかもしれません。

一方、全面自由化となっても、国によっては独占的に電力供給を行ってきた既存電力会社に対して、引き続き規制料金での電力供給を義務付ける場合もあります。欧州ではフランスやベルギー、イタリア、スペイン、東欧諸国などで一般家庭が規制料金を選択できるようになっています。

このうちフランスでは、既存電力会社であるフランス電力会社（EDF）が一般家庭に対して規制料金と自由料金でそれぞれ電力販売を行っています。規制料金については、EDFの発電原価を考慮して規制機関が料金水準を決定します。一方、自由料金はEDFが自由に設定することが可能ですが、競争相手の公営電力会社が利用している電力取引所の価格水準を考慮して決定される傾向にあります。

またイタリアでは、電力会社を変更しない消費者に対し規制料金が適用されていますが、これらの需要家に供給する電力は、新たに設立された国有の会社（AU：Acquirente Unico）が発電会社と直接購入契約を結ぶか、または電力市場での取引を通じて大量に購入しているため、電力の調達コストを低く抑えることが可能となっています。規制料金は電力調達コストを反映して四半期ごとに改定されていますが、料金水準は大手電力会社の料金と比べて遜色がなく、むしろ安い場合が少なくありません。

こうしたことから、これらの国ではいまだに多くの消費者が規制料金を選択していますが、欧州の政策を検討する欧州委員会は、いつまでたっても競争が進まない理由として問題視しており、できるだけ早く規制料金を撤廃するよう各国に求めています。

4-2 フランスでは規制料金が自由料金よりも割安な傾向に

フランスでは2007年に全面自由化が導入され、一般家庭も自由に電力会社を選択することができるようになりました。しかし、第2章でも触れた通り、全面自由化してから8年たった2015年時点でも、新規の電力会社を選択している家庭は消費電力量でみると8%程度で、ほとんどの消費者は既存電力会社であるEDFの規制料金での電力供給を選択しています。

その背景には、EDFに対する消費者の信頼度が高いという要因以外に、EDFの規制料金が比較的安価であることが挙げられます。2000年代初頭は石油や天然ガスのような化石燃料が安価であったため、卸電力市場に連動した自由料金も規制料金と比較して割安な水準でしたが、2000年代半ばから化石燃料が高騰したため、自由料金は規制料金に比べ割高な水準となってしまいました(図4-8)。

その理由はEDFの発電設備のほとんどが原子力発電であることと関係しています。EDFの発電電力量のうち約90%が原子力由来であるため、EDFの発電原価を考慮して規制当局によって決定される規制料金の水準はほとんど変動がありませんでした。もちろん、新規電力会社の中にはEDFの規制料金よりも割安な価格を提示する会社も存在しますが、圧倒的に競争力のある料金メニューを提示できているわけではありません(図4-9)。

規制料金の価格が安定しているのに対し、新規小売会社の料金は変更されやすいことから、フランスの消費者団体などは、一時の価格の安さに惑わされて規制料金から離脱することがないよう消費者に注意を促しているほどです。

[出所] フランス・エネルギー規制委員会(CRE)の資料より海外電力調査会作成

図4-8 フランスにおける規制料金と自由料金の水準格差(2003年～2007年)

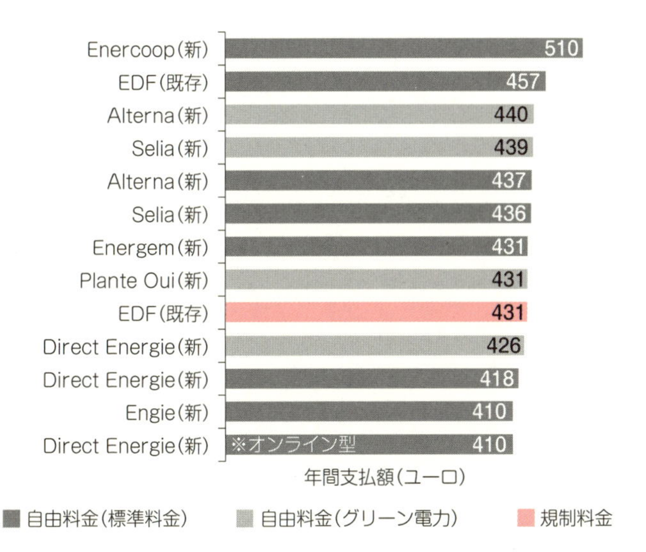

[出所] フランス・エネルギー規制委員会（CRE）の資料より海外電力調査会作成

図4-9　フランスにおける電力会社ごとの電気料金支払額(2015年)

コラム　規制料金と自由料金の水準を比較した上で判断しよう

日本でも小売全面自由化後、当分の間、一般家庭向けには既存の大手電力会社による規制料金での電力供給が継続されます。大手電力会社を含む多数の小売電気事業者が様々な料金メニュー（自由料金）を提示することになりますが、規制料金と自由料金の水準をきちんと比較した上で料金メニューを選択することが重要となります。

5 地域全体で契約を——コミュニティー・チョイス・アグリゲーション

電力の小売市場が全面自由化されると、消費者が個人で任意の小売会社と契約することができるようになります。ただ、工場や商業ビルなどと比べ消費電力量が少ない個人の消費者は、小売会社に対する価格交渉力が弱いと考えられます。

米国ではそうした点を考慮して、地方自治体が域内住民の需要を取りまとめて小売会社と交渉を行うといった動き、コミュニティー・チョイス・アグリゲーション（Community Choice Aggregation：CCA）が見られます。

コミュニティーの住民を取りまとめる方法には、CCAへの参加を希望する住民のみを対象とするオプト・イン（Opt-in）方式と、域内に居住する住民全員を対象とし、CCAへの参加を希望しない住民には離脱を認めるオプト・アウト（Opt-out）方式の2通りあります。

米国のすべての自由化州でこのコミュニティー・チョイス・アグリゲーションが採用されているわけではありませんが、例えばイリノイ州シカゴ市では、約75万人規模の住民に対しオプト・アウト方式でのCCAが実施されましたし、その他オハイオ州やカリフォルニア州などでも実施されています。

ただ、CCAについては、次のような問題点が指摘されているので注意が必要です。ひとつは、CCAを通じて契約した小売会社の提供する電気料金が必ずしも最安値ではないという指摘です。たとえば、消費電力量が少ない消費者であれば、基本料金がかからない料金プランを選択するなど、消費者の電気の使用実態に応じて支払額を安くできる場合があると指摘されています。

もうひとつは、オプト・アウト方式の場合はCCAからの離脱を表明しない限り参加することになるため、実質的には住民に選択権がないのではないかという指摘です。テキサス州においては、同様の理由から、住民の「選択」を軽視する制度であるとしてオプト・アウト方式が禁止されています。

6 デマンドレスポンスで電気料金を抑える取り組みも

第3章で、需要の多い時間帯は電力量単価が高く、需要の少ない時間帯に安くなるデマンドレスポンスの考え方を活用した電気料金メニューが登場していることを紹介しました。

そのようなメニューを契約すると、電力量単価の安い時間帯に洗濯機や食洗機を使ったり、または電力量単価の高い時間帯には電気の使用を控えたりするなど自発的に調整することで、最終的に電気料金を安く抑えることが可能になります。

例えば、リアルタイム料金というメニューは、1日前に翌日の時間帯別電力量単価が提示されるなど、直前に料金単価が示されるメニューです。マサチューセッツ州で、スマートメーターなどを使った次世代の送電網（スマートグリッド）の実証試験を行っている米国北東部の電力会社ナショナル・グリッド（National Grid）は、実証試験の一環として同州の一部の居住者にリアルタイム料金を提供しています。

また欧州でもフランス電力会社（EDF）がテンポ料金という名前で似たようなメニューを提供しています。フランスでは冬にたくさん電気を使うことから、翌日猛烈な寒波が到来するという予報が出ていたとすれば、前日に示される翌日の昼間の電力量単価は当然高くなります。

手動では面倒だという人のために、時間帯に応じて空調の運転時間を自動で調整するサーモスタットなどのいわゆるスマート機器を提供するメーカーも増えてきました。グーグル傘下のネスト（Nest）が提供するスマート・サーモスタットもこの一例です。

デマンドレスポンスのメニューは時間帯による単価の変動に注意を払っていないと、支払額が高くなってしまう恐れがあります。これを解消したのが「ピークタイムリベート」というメニューです。需給が逼迫しそうだという日に電力会社からメールや電話、テキストメッセージなどで知らせが入り、ピーク時間帯の消費量を落とせば「払い戻し」（リベート）が行われます。もしデマンドレスポンスが行われていなかったら消費されていたであろうと予測される電力量と実際の消費量の差がデマンドレスポンスによる消費量の削減分としてカウントされます。

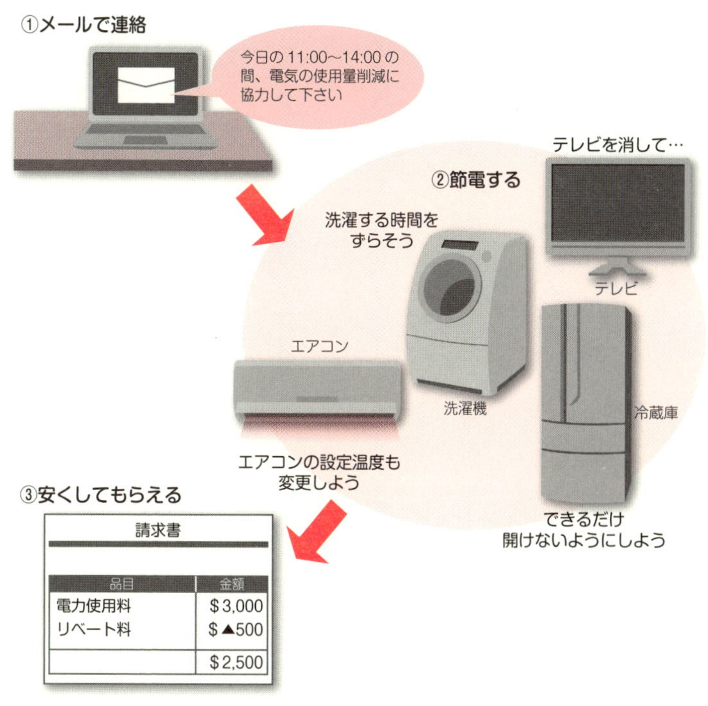

図4-10　ピークタイムリベートへの参加イメージ

例えば、米国イリノイ州の大手電力会社のコムエド（コモンウェルス・エジソン：Commonwealth Edison）は、遅くとも需要が増加する時間帯の30分前に、メールや電話などで顧客に対し需要削減を依頼します。コムエドから依頼メッセージを受け取った顧客は、生活の快適性を損なわない範囲で電気の使用量を抑え、実際に削減した電力量に応じたリベートを受け取ることができます。電力量料金単価が高くなる時間帯、すなわち需給逼迫が予想される時間帯で、消費者が電気の使用を控えて、その対価として消費者はリベートを受け取るのです。

デマンドレスポンスは、電力需給逼迫に伴う電気料金上昇を抑えるというだけでなく、今後は消費を促す方向でも活用される可能性があります。太陽光発電や風力発電のように、発電量を制御できない電源が大量に導入されてくると、発電量が消費量を上回る可能性があり、そうなると事故や停電のリスクが高まるからです。

積極的な使用を促すメニューの一例が、第3章で解説した米国テキサス州の無料時間帯のあるメニューといえるでしょう。無料時間帯に家事をすませたり、あるいは電気自動車や蓄電池を用意して充電をこの時間帯に行えば、電気を不便なく使いつつ、電力量料金を限りなく無料にすることも可能になるわけです。日射量の多いカリフォルニアやハワイでは、太陽光発電設備の導入がかなり速いペースで進んでいますから、昼間の時間帯の低価格メニューや休日昼間の無料メニューが登場する可能性もあるでしょう。

自由子の４章メモ

電力会社の選定方法は？

・小売自由化になっても変更しない人もいる。

・欧米では電気料金比較サイトが活用されている。

・欧米の一部の地域では電源だけでなく環境関連の数値や放射性廃棄物発生量が開示されている。

・米国では地域全体で電力会社を変更する動きがある（コミュニティー・チョイス・アグリゲーション）。

・デマンドレスポンスを活用すると電気料金が安く抑えられるかも。

いろんな情報を比較して、賢く選ばなくちゃね！

第5章

自由化先進国にみる問題点と対策

1 悪質な勧誘への対応策は知識の習得！

電力小売市場が全面自由化されると、料金メニューの種類が増え、私たちは自分の生活スタイルや家計設計により合ったメニューを選べるようになりますが、必ずしも良いことばかりとは限りません。

1990年代後半から小売自由化を行った米国では、小売会社の訪問販売や電話勧誘に対する苦情が州の規制当局に頻繁に寄せられています。訪問販売や電話勧誘それ自体は違法ではありませんが、勧誘の際に新規参入者が地元に昔からある電力会社の名前を騙(かた)ったり、小売会社を変更しなければ電気の供給が受けられなくなると脅したりする例が報告されています。

また、契約していない小売会社が消費者の明確な同意を得ないまま、自社との契約に変更してしまう手法（スラミング：slamming）は当初から問題となっており、自由化が進んでいる米国テキサス州やペンシルベニア州などで多く発生しています。

スラミングは通信の分野でも以前から問題視されており、日本でも2001年に電話会社選択サービス（マイライン）を導入した際に問題になりました。小売自由化となれば、日本でも電力供給契約に関する情報をあまり持っていない一般家庭などを狙って、わざと複雑な説明をし、契約書に判を押させようとする事業者が出てくるかもしれません。

悪質な事業者を完全に防ぐのは難しいと思われますが、米国では自由化州の規制当局が、ウェブサイトに消費者向けのガイドラインを掲示しています。内容は州によって異なりますが、「選ぶ側の消費者が小売自由化について事前によく勉強し、十分に理解したうえで自分にとって最も得になる選択をしてください」と訴えているのは同じです。

◉「電気を選ぶ方法」を州政府が発信――米ペンシルベニア州

米国ペンシルベニア州では、「電気を選ぶ方法」（How to Shop for Electricity）と題したサイトに消費者向けのアドバイスを掲載し、注意を促しています。それによると、小売会社を選択する際に推奨される手順は以下の通りです。

電気を選ぶ方法

①自分が現在支払っている電気代を知る
②自分の居住地域で営業している複数の小売会社に接触して必要な情報を得る
③選択ワークシート（規制機関が提供する料金計算用紙）を利用して小売会社を変更することによりどれだけ電気代を節約できるのか見極める

さらに、価格情報のほかに供給契約の条件や期間について理解することも重要となります。ペンシルベニア州では、小売会社に接触した際に確認すべき主な質問リストとして、図5-1のようなリストを紹介しています。

小売自由化によってセット販売や時間帯別料金、デマンドレスポンスなど、多様なサービスが提供され複雑になることが予想されますが、私たち消費者も料金メニュー体系について事前によく調べ、契約条件を十分に吟味し、悪質な小売会社から身を守りましょう。

チェック

☑ 小売会社と接触する際に確認する主な質問リスト

- ☑ ペンシルベニア州公益事業委員会によって認可された小売会社であるか？
- ☑ 小売会社を変更しない消費者向けの料金はいくらか。その料金の有効期間はいつまでか？
- ☑ 小売会社の提示価格は税込みか？
- ☑ 1kWh当たりの単価はいくらか？　それは固定型か、変動型か、あるいは季節別・時間帯別料金か？
- ☑ 変動型料金の変動幅に制限はあるのか？
- ☑ 初回限定の安い導入料金はあるか、それはどれくらいの期間継続するのか？
- ☑ 導入料金がある場合、導入期間の終了後の価格はいくらか？　それは事前に提示されるのか？
- ☑ 小売会社の提供する電力に再生可能エネルギー電力は含まれているか？
- ☑ 小売会社は前年の平均価格等、過去の価格情報を提供しているか？
- ☑ 契約の期間はどれくらいか？　その間に料金が変わることはあるのか？　もし変わるとしたら、いつ変わるのか、どのように通告されるのか？
- ☑ 契約が切れる前に通告はあるのか？　供給契約が切れるとどうなるのか？
- ☑ 小売会社を変更する際に解約手数料は必要となるのか？
- ☑ 小売会社を変更するためにどのような手続きをとればいいのか？
- ☑ 供給契約を結ぶことにより、何らかの特典やおまけを得られるのか？
- ☑ 小売会社は毎月均等額を支払い、年末に差額を精算する方式を認めているのか？
- ☑ もし未払料金が残っていたり、過去に料金の不払いがあったりした場合、小売会社を変更することはできるのか？

［出所］ペンシルベニア州公益事業委員会ホームページ

図5-1　ペンシルベニア州の規制当局が推奨する質問リスト

2 電気料金は安くなる？　高くなる？

自由化された各国の小売市場の中で、小売会社は顧客の獲得競争を激化させ、多様な生活スタイルに合わせた料金メニューの提示、無料サービス、他事業ブランドとのタイアップ、省エネサービスなど工夫を凝らした小売サービス・戦略を展開しています。

そのようなバラエティーに富む小売サービス・戦略が存在する中で、どの小売会社を選択するべきかを考えた時、多くの人が重視する判断基準は、やはり各社の料金メニューを比較して電気料金が高いか安いかということでしょう。一般家庭において、定期的な電気代の支払いは固定支出であり、消費者としては、付帯する契約条件を加味した上で最も経済的な料金メニューを選択し、家計の負担を軽減させたいと考えるのが当然です。

しかし、自由化で本当に電気料金は安くなるのでしょうか。

各家庭の電気料金が安くなったかを比較するのは難しいので、もう少し大局的な視点で捉えてみましょう。自由化によって国全体の電気料金水準は下がったか——という分析です。

図5-2は、フランス、ドイツ、日本、英国、米国の主要5カ国における2006～2014年の家庭用電気料金単価（米セントベース）の推移を示したものです。これを見ると、自由化されたいずれの国においても電気料金は上昇基調であることがうかがえます。

しかし、この期間はまだ小売全面自由化に至っていない日本の電気料金水準も、自由化された国々と同様に上昇基調です。規制がある国でも電気料金は上昇しています。

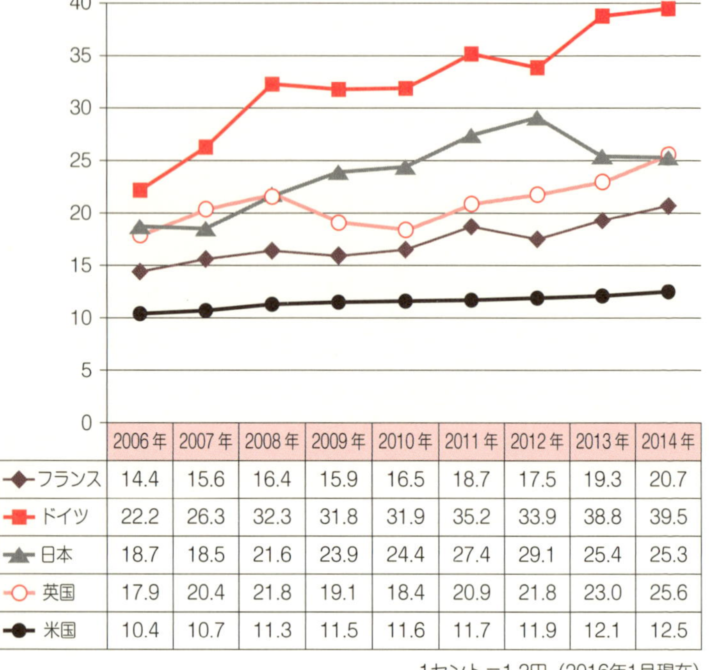

	2006年	2007年	2008年	2009年	2010年	2011年	2012年	2013年	2014年
フランス	14.4	15.6	16.4	15.9	16.5	18.7	17.5	19.3	20.7
ドイツ	22.2	26.3	32.3	31.8	31.9	35.2	33.9	38.8	39.5
日本	18.7	18.5	21.6	23.9	24.4	27.4	29.1	25.4	25.3
英国	17.9	20.4	21.8	19.1	18.4	20.9	21.8	23.0	25.6
米国	10.4	10.7	11.3	11.5	11.6	11.7	11.9	12.1	12.5

1セント=1.2円（2016年1月現在）

［出所］IEA Energy Prices and Taxes 2015 Second Quarter.

図5-2　各国の家庭用電気料金単価の推移

では、自由化・非自由化を問わず電気料金水準が上昇している理由は何なのでしょうか。

電気料金水準が上昇している要因のひとつとして考えられるのは、燃料価格の増大です。小売会社が顧客に供給する電気は、発電会社や卸電力市場から調達されますが、小売会社への卸売価格は、発電コストの多くを占める燃料価格の変動の影響が大きいと考えられます。小売会社は、変動する卸電力価格を小売電気料金に転嫁させて調達費用を回収するでしょうから、私たちが支払う電気料金は、卸電力の発電に要する燃料価格の変動の影響を受けやすいと言えます。

燃料の取引価格は国ごとに異なりますが、日本および英国では、ガス価格が2000年代前半から上昇しています。両国は、燃料である天然ガスの調達を外国からの輸入にたよっており、ガス火力の発電比率も約30%と高かったことから、電気料金への影響が比較的大きかったと考えられます。

◉米国　自由化州の方が料金水準は高い

米国では、豊富な国産ガス・石炭資源の存在により、安定した国内価格での燃料調達が可能であるため、電気料金への価格転嫁の度合いは低くなると考えられます（2014年までの10年間の化石燃料の価格傾向は、原油および石炭価格が上昇基調、ガス価格が2000年代終盤から低下基調となっています）。なお、米国の場合、自由化は州ごとに実施されるため、自由化州と非自由化州が混在しています。自由化州は歴史的にみて、非自由化州よりも高い料金水準となっています。

◉フランス　原子力比率高く安定的

フランスでは、国有電力会社EDFの場合、発電コストの安い原子力の発電比率が約90%と非常に高いシェアを占めるため、燃料費の高騰の影響をそれほど受けず、他の欧州諸国に比べて電気料金水準の上昇度合いは抑えられています。ただし、2002年以降、再生可能エネルギー電源支援などの費用を補填(ほてん)するための「電力公共サービス拠出制度（CSPE）」の課徴金が増加傾向であるため、今後、家庭用小売電気料金の上昇傾向が強まる可能性があります。しかし欧州委員会統計局（Eurostat）によると、今のところフランスの電気料金はEUで最も低い部類に入ります。

◉ドイツ　託送料金、環境税、再エネ（FIT）で上昇

今回例示した5カ国の中で電気料金水準が最も上昇しているのがドイツです。2006年の22.2米セント（約27円）／kWhから2014年には39.5米セント（約47円）／kWhと他4カ国に比べて著しい上昇です。

もともとドイツの電気料金は、欧州諸国の中で最も高い部類に入ると言われていましたが、1998年の自由化以降、産業用では20～30%も低下しました。しかし、近年は託送料金の上昇、環境税の引き上げ、再生可能エネルギーの買い取りコストの増大などの影響により、産業用、家庭用ともに料金水準は上昇に転じています。欧州委員会統計局によると、2014年下期のドイツの家庭用電気料金は、EU加盟国の中でデンマークに次いで2番目に高い水準でした。

3 メニューが多様化しすぎて消費者が混乱

小売全面自由化に期待されていることのひとつとして、各小売会社が様々な料金メニューやサービスを打ち出し、消費者の選択肢が広がることが挙げられています。

第3章でも紹介しましたが、米国で小売市場の競争が最も活発であるとされるテキサス州の場合、ダラスに本社を置く配電会社オンカー（Oncor）の管内では300種類以上もの料金・サービスメニューが提示され、消費者はそこから好きなものを選択できます（2015年末現在）。

またドイツにおいては、1,000を超える小売会社が存在し、グリーン電力料金メニューだけでも3,800種類ほど存在します。

英国では家庭用小売市場で競争する大手6社（ビッグ6）と新規参入の小売会社十数社が、顧客を獲得し囲い込むために様々な料金メニューを提示したり、ディスカウントなどを積極的に行っており、2012年時点の料金メニューは約400種類にも達しました。ひとつの料金メニューをとっても、消費電力量に基づく段階的料金や、解約手数料、長期契約ボーナス、抱き合わせ販売というように、複雑な構成になっています。

このように多様化すると、料金メニューを単純に比較することは難しくなります。第4章で紹介した比較サイトの登場も、複雑さから派生したサービスと考えられますが、英国では一歩踏み込み、料金メニューを比較しやすいよう規定をつくりました。

◉英国では料金メニューに制限

英国では打開策として、ガス・電力市場局（OFGEM）が、電気およびガスの料金メニューを制限し、料金体系を標準化・簡素化する措置を2013年12月末から講じています。多様化しすぎて電気料金が単純に比較できない状況は、消費者を混乱に陥れると判断したからです。

消費者が料金メニューを比較・選択しやすいように、規制当局が設定した規定は以下の通りです。

英国の料金メニューに関する規定（2013年12月31日以降適用）

①料金メニューの標準化

料金メニューは、基本料金と電力量料金の２つで構成されています。基本料金については無料にすることも可能で、実質的に電力量料金のみの料金メニューを示すことができます。また、事前に設定することを条件として、基本料金または電力量料金の水準を年、週、日単位、または市場の動向に基づいて変動させることができます。一方で、電力量料金については、日本の電力会社が現在提供しているような消費電力量に基づく段階別料金は禁止され、一本化が義務付けられています。

②料金メニュー数の制限

提供する料金メニューの種類は、各社４種類までに制限されています。このように数の制限はありますが、同じ料金メニューであってもオンライン契約によるディスカウントの有無、支払方法（口座振替、クレジットカード払い、プリペイド方式など）の選択によって、料金格差は発生します。

③ディスカウント

ディスカウントに関しては、電気とガスのセット契約やオンライン契約（ウェブ明細サービス）のみ現金での割引が認められており、それ以外の契約では現金で割引することは認められていません。また、割引額を○○ペンス／kWh、○○ポンド／年というように電気料金の引き下げと誤解を招くような表示をすることも禁じられています。なお、商品券の提供はいずれのメニューでも認められています。

④セット販売

セット販売については、換金性を伴わない商品に限定されています。これらの規定を満たしたセット販売の事例としては、電気を供給すると同時に、電気給湯機を割引価格で販売する、あるいは通信サービスを割引価格で提供するといったものが挙げられます。ただし、顧客を長期間拘束することになるため、セットで販売する商品は「契約開始から1年後」など期間を置いた条件を付けることはできません。

⑤ポイントサービス

ポイントサービスも電気料金の引き下げと誤解を招くような表示は禁止されています。また、ポイントサービスは条件として継続的に適用されなければならないので、例えば契約期間中に毎日１ポイントを付与するということは可能ですが、契約を結んだ１年後に500ポイント付与することは認められません。

4 解約金が求められる場合も

4-1 自由化になると解約金も発生

日本でも携帯電話やスマートフォンの割安な2年契約プランを中途解約した場合に、解約金の支払いが求められます。こうした解約金が、消費者契約法に違反するかが争われた裁判でも、「解約金は解約で生じる会社の損害より安価」として、大手携帯会社の主張を認める判断が下されました。

電力の小売全面自由化後は、中途解約に当たって解約金が求められることがあるでしょうか。電力自由化で先行する欧米諸国の事例を見ると、一概には言えませんが、契約期間の限定された「固定型料金メニュー」で解約金を求められるケースが見られます。

第3章で、自由化された諸外国の様々な料金メニューを紹介しましたが、料金メニューには「変動型料金メニュー」以外に、「固定型料金メニュー」と呼ばれる契約形態がありました。「変動型料金メニュー」では通常、電力量料金単価が不定期に変更されることが前提とされていますが、「固定型料金メニュー」では、契約ごとに定められた一定期間（おおむね1～3年）において、電力量料金単価が固定されます。固定されるのはkWh当たりの料金単価であって、携帯電話のような毎月定額・使い放題メニューとは異なることに注意してください。

「固定型料金メニュー」を選択した消費者は、卸電力価格の変動に影響を受けることなく、一定の契約期間内では、同一の単価で電気代の請求を受けることができます。

他方、電力会社にとっては、顧客と一定期間契約を継続することができるため、電力調達の安定化や、一定の売上高を維持できるといったメリットがあります。電力会社は「固定型料金メニュー」を選択した消費者が一定期間、自社の顧客であり続けることを前提に電力調達計画を立てることになります。従って、そうした顧客が期間内に離脱することで生じる損失リスクに対し、解約金の条件を設けておくことに、一定の合理性を認めることはできそうです。

4-2 解約金を求められる具体例

解約金の有無について、英国の具体事例を見てみましょう。表3-4（第3章）には、英国のブリティッシュ・ガス（British Gas）の電気・ガス料金メニューを示しています。ブリティッシュ・ガスはその名の通り、もともと英国を代表するガス会社でしたが、英国での電力自由化の際に電気事業にも参入し、今では英国の6大電力会社の一翼を担っています。

さて、表3-4の通り、ブリティッシュ・ガスでは、電力、ガス、デュアルフュエル（電力とガスのセット販売）のいずれにおいても、「固定型料金メニュー」では解約金が定められ、「変動型料金メニュー」では解約金の支払いは求められません。実際、英国では、ほとんどの料金メニューに、同様の傾向が認められます。

もちろん、例外的なケースも無くはありません。英国の大手電力会社の中でも、EDFエナジー（EDF Energy：フランスの電力会社EDFの英国子会社）は、表3-4の通り「固定型料金メニュー」も「変動型料金メニュー」も、消費者に無償での解約を認めています。このように、解約金という視点ひとつをとっても、国や会社によってその対応は様々というのが実態です。

米国でも、解約金関係の事情は同じようです。例えば、米国で電力自由化が最も進み、最も競争が激しいと言われるテキサス州でも、様々な電力会社が提示する料金メニューの中で、「固定型料金メニュー」では解約金が設けられる傾向が見られます。

5 電力自由化で停電が増える？

5-1 自由化と停電

電力自由化を目前に控えた私たちにとって、自由化が、電力供給の質に影響を与えることがあるかどうかは、たいへん気になるところです。もしかすると、電気代の安い電力会社に変更したら、電気の質が低下したり、停電が増えたりするのではないかと、心配される方もいるかもしれません。けれども、どの会社から電気を購入するにしても、発電所でつくられた電気が、送電線や変電所、配電線といった電力ネットワークを通じて家庭まで届けられる仕組みは、これまでと全く変わりません。ですので、これまで通り、地域全体の電力需要に見合う十分な発電が行われ、また、電力ネットワークがきちんと整備・運用されていれば、電力会社を変更しても、それによって個々の消費者に対する電気の質が急に悪化することはないでしょう。

5-2 欧州諸国の停電実績の推移

例えば、年間の停電回数や停電時間数を、自由化前と自由化後で比較してみて、何らかの傾向が見えてこないでしょうか。もし、自由化後に明らかに停電が増えているとしたら、自由化と停電の因果関係を考える上で、何らかの示唆が得られるはずです。

欧州諸国のエネルギー規制機関をメンバーとする団体の欧州エネルギー規制者評議会（CEER）によって行われた、各国の停電状況についての調査結果を見てみましょう（図5-3、5-4）。それ

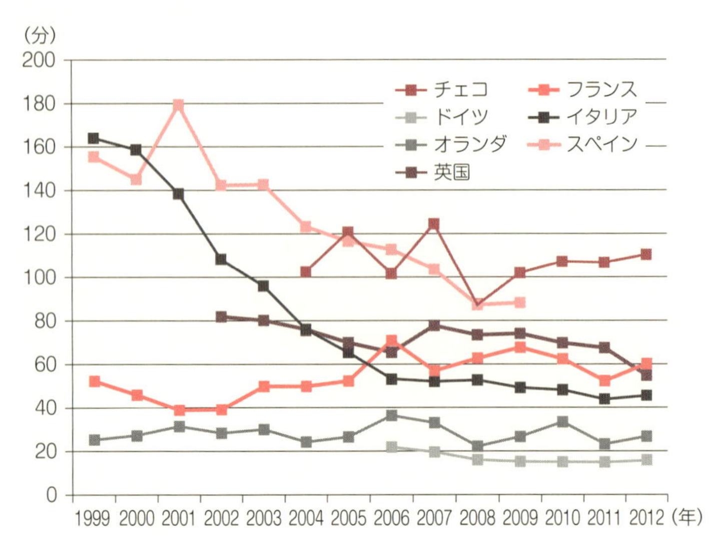

［出所］欧州エネルギー規制者評議会（CEER）ベンチマーキングリポート

図5-3　需要家１軒当たりの年間停電時間

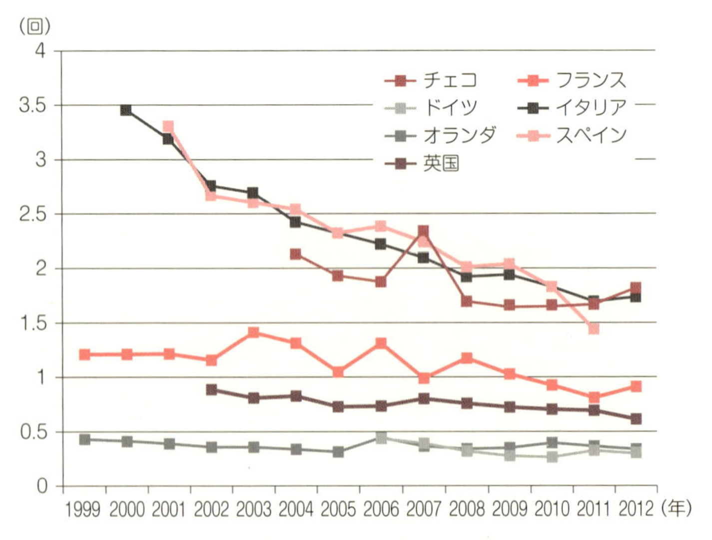

［出所］欧州エネルギー規制者評議会（CEER）ベンチマーキングリポート

図5-4　需要家１軒当たりの年間停電回数

ぞれ、需要家1軒当たりの年間停電時間、そして年間停電回数が示されています。すべての国について、経年的なデータが掲載されていないので、ここでは比較的、多くの年についてデータが示されている国を抜粋しています。また、豪風雪などによる自然災害や、一過性の過酷事象による停電は、集計値から除外されています。

欧州連合（EU）での取り決めに基づき、EU全域で一般家庭を含む電力全面自由化が開始されたのは2007年7月のことです。しかし、大口の消費者を対象にした自由化はそれ以前から進められていました。国によって自由化開始年や自由化範囲の拡大のペースは異なりますが、英国やドイツなど、早い国では1990年代に全面自由化を実施しています。この期間の停電実績の推移を見ると、比較的、停電の多かった国でむしろ、状況が改善している様子が見られます。これは主に送配電ネットワーク部門のパフォーマンス向上を狙った規制改革に基づくものと考えられます。いずれにしろ電力自由化を契機に供給の質が悪化しているような証拠を見いだすことは難しそうです。

5-3 米国・カリフォルニア州の電力危機

米国カリフォルニア州では、全面自由化を開始して間もない2000年から2001年にかけて大規模な電力危機が発生しました（第2章参照）。供給力の不足とこれに伴う卸電力価格の高騰に端を発した電力危機は、大手電力会社の経営破綻、卸電力取引所の閉鎖、そして小売自由化の中断に至りました。その過程で、大規模な輪番停電も発生しています。

カリフォルニア州の停電は、電力需給が逼迫する中で、電力会社が十分な供給力を確保できなかったことから発生したものです。では、なぜ、供給力が不足したのでしょうか。

シリコンバレーを抱えるカリフォルニア州は当時、好景気を背景に、年平均４％という勢いで電力消費が急増する一方、電源開発はほとんど進んでいませんでした。その背景には、厳しい環境規制や、発電所建設に対する地元の反対運動があったと指摘されています。また、規制によって、大手の小売会社の電気料金が、卸電力価格を下回る低い水準に抑えられていました。つまり、電気の売値が買値より安い状態です。このような状況下で小売会社からの料金回収を危ぶんだ発電会社が、電力を売り渋るような事態も生じていました。

停電回避という観点からは、電力自由化には決して課題がないわけではありません。ただし、自由化が必ずしも電力供給の質の低下を招くと決めつけることもできません。新しい制度を始める以上、それに伴って新たなリスクが生じることは避けられないことかも知れません。

大切なのは制度設計であり、自由化の中でも、十分な電力供給力が確保されるよう、また、必要な送配電ネットワーク整備・運用が行われるよう、私たちも注意深く見守っていく必要があります。

6 電気の供給を断られることはある？

小売自由化は消費者が電気を買う小売会社を選ぶことができると同時に、小売会社も販売相手を選ぶことができるようになります。規制がある場合は、独占事業者には供給義務がありますが、自由化になれば義務は解除されてしまうのでしょうか。もしそうなったら、電気の契約を断り続けられることもあるのでしょうか。実際の例を見てみましょう。

◉英国　小売会社は断れないが、未払いが高額の場合は拒否できる

英国では「電気の申し込み」に関して、小売会社には供給義務、即ち「顧客との契約義務」があります。英国ではこの義務を家庭用市場に参入したすべての小売会社に対して、「料金表の公表義務」と「選択された場合の拒否の禁止（応諾義務）」という形で課しています。すべての小売会社が全国での供給が原則であるため、特定の会社にこの義務を課すということはありません。

しかし、小売会社が断ることができるケースも存在します。それは、顧客が500ポンド以上（約9万円）の料金未払いを抱えている場合で、顧客が未払金を精算しないまま、別の小売会社に申し込んだとしても、申し込みを受けた小売会社に応諾義務は生じません。ただし、未払金が500ポンド以下で、前払い式メーターを利用する場合は小売会社は申し込みを受けなければなりません。なお、英国でラストリゾート（最終供給保障）制度という場合、小売会社が倒産した際に倒産した会社の顧客を引き継ぐ制度を言います。

一方、家庭用以外の顧客に対しては供給義務を課していません。このため小売会社は、顧客からの見積もり依頼に対して、電気料金やその他の条件を任意で提示するだけです。このような中で、特にリーマン・ショック以降、企業の信用力の低下に伴う銀行の「貸しはがし」の問題と同様、供給契約を更新できない顧客の増大が一部社会問題化しています。リスクの高い企業が電力の供給を受けるためには、「前払い」「担保の設定」「信用保証会社による保証」などの手だてが必要となっています。これに対して規制側の介入はありませんが、自由化市場では顧客も信用度に応じてコストを払わなければフェアではないということになるのでしょう。

◉米国・ニューヨーク州　未払いがあっても条件クリアで拒否されず

ニューヨーク州の事例を見てみましょう。電力・ガス小売会社には1981年に制定された州の消費者保護に関する法令、家庭エネルギー公正措置法（Home Energy Fair Practices Act：HEFPA）が適用され、電力の小売会社が家庭用需要家から電気供給の申し込みを受ける際の手続きと、それに対する供給を拒否できる理由が規定されています。

供給を拒否できる理由とは、需要家名義の以前の電力供給契約において、電気料金の未払い分が存在する場合です。しかし、次のいずれかの対応が行われれば、小売会社は供給を拒否することができません。

供給を拒否できない条件

①需要家が未払金を一括して支払う場合

②需要家が未払金を分割払いで支払う契約をする場合
③需要家の未払金に関して、小売会社に対する係争中の請求書があること
④需要家が、連邦や州の公的支援を受けているか、そのための申請を済ませていて、地域の社会福祉事務所が未払金および今後の電気料金の支払いに同意した場合
⑤公益事業委員会が、供給を行うよう小売会社に指示した場合

なお、米国の自由化州においては最終供給保障を行う電力会社が決められており、配電会社から契約を変更していない需要家への供給、あるいは何らかの理由で小売会社の供給を受けられなくなった需要家への供給を行っています。

◉オーストラリア　未払金も一緒にスイッチする

オーストラリアの場合、米国や英国と異なり、一般の家庭に対しては未払いがあっても供給の申し込みを断ることはできません。ただし、未払いのある需要家は、規制料金、あるいは「スタンディング・オファー」と呼ばれる規制料金に準じた料金メニューしか選択することができないことになっています。未払いがある場合は、未払金も一緒に新しい電力会社に移行することになります。

7 契約した小売会社が倒産したら——ラストリゾートという制度

規制下にある電力会社であれば、国などからの支援もあるでしょうから、倒産ということは考えられませんが、自由化となれば契約した小売会社が倒産してしまうことは起こり得ます。米国カリフォルニア州の電力危機のように、自由化をきっかけとする事業環境の変化によっては、大手電力会社すら倒産の憂き目に遭う可能性があります。小売自由化となれば規模の小さい会社も参入しますから、ある朝、テレビを見ていたら、自分が契約している小売会社が破産の手続きを開始したという報道が流れ、慌てふためくということが起こり得るのです。

当然、欧米でも小売会社の倒産事例はあります。

7-1 格安業者が倒産したドイツ

ドイツでは自由化後に小売市場に参入した小売会社が経営破綻する事例が散見されます。

例えば、2011年6月、電気とガス両方の小売を行っていたテルダファックス（Teldafax）が経営破綻しました。同社は、自前で発電設備を持たず、電気とガスを販売していました。格安料金を武器に需要家を獲得し、一時期はおよそ80万軒の顧客を抱え、2010年には約5億ユーロ（当時の為替レートで約575億円）の売上を計上していました。しかし低価格路線が仇（あだ）となって収益が悪化し、経営不振が続いて資金繰りに行き詰まったと伝えられています。料金の二重徴収や、前払金の返金に関わる顧客とのトラブルも頻発していました。

テルダファックスと同じように、格安料金戦略を取ったドイツ最大（当時）の小売会社フレックスシュトローム（FlexStrom）も、2013年4月に破産申請しました。破産理由は資金繰りの悪化でした。顧客に対して電気料金の前払いを求めていましたが、2012年11月に同社が破綻する可能性が浮上して以降、思うように支払いを得られなかった、と同社は説明していました。

7-2 倒産した場合に備え、ラストリゾート制度を整備

欧米では、小売会社の倒産などで電気の供給が受けられなった需要家に対して、電気を供給する「ラストリゾート（最終供給保障）」という救済措置が設けられています。このため、契約した小売会社が倒産しても、電気の供給が途絶える事態には発展しません。

米国では、この制度が各州の電力再編法および実施規則で規定されており、倒産した小売会社の需要家が、引き続き電気の供給を受けられることを保障しています。ラストリゾートとして需要家に電気を供給する会社は、法律あるいは規制当局で指名されており、一般に地元の配電会社がラストリゾート事業者の役割を果たしています。

小売会社はおのおので設定した自由料金で電気を供給していますが、配電会社はラストリゾート料金という規制料金で電気を供給しています。新たな小売会社を選択するまでの間は、この地域配電会社から供給を受けることが保障されています。ただし、ラストリゾート制度の下での電気料金は、一般に高く設定されています。

英国でも、ラストリゾートとして電気を供給する会社を規制当局が指名しています。倒産した小売会社の需要家を引き継げるだけの電力供給能力を持つ小売会社に、規制当局が価格などの供給条件を提出してもらい選びます。選ばれた会社は、6カ月間、その需要家に対して競争入札で決定された条件で電気を供給するとともに、破綻した小売会社が徴収していない料金未払額を回収しなければなりません。この6カ月間の後も、需要家は引き続きラストリゾートを提供する小売会社にとどまることができます。ただし、その場合の電気料金は、ラストリゾート制度の下で決められた価格ではなく、その会社が通常提供している価格に変更されます。

ドイツでは、低圧需要家には、配電会社の配電区域内で最多の需要家を抱える小売会社がラストリゾートを提供することになっています。ただし、このサービスが受けられるのは、倒産などの事由で供給を受けられなくなった時点から3カ月以内で、その間に需要家は新たな小売会社と契約を締結することが求められます。

なお、第1章でも紹介しましたが、日本では、2016年4月の全面自由化以降に小売会社が倒産・撤退した場合、需要家がどの会社からも電気の供給が受けられなくなることのないよう、セーフティーネットとしてのラストリゾートを大手電力会社に義務付けています。

8　経済的弱者の救済措置

料金の未払いなどにより電気を止められることを「供給停止」といいます。

供給停止は、原則的に指定された期日までに電気料金の支払いがなされない場合に起こります。これは自由化前であっても自由化後であっても基本的には変わりありません。

電気は日常の暮らしに不可欠なことから、小売会社は供給停止の判断を慎重に行います。まず支払いの督促状を送付し、それでも応じない場合は供給停止の警告状を送り、再度の警告にもかかわらず支払いがないことを確認して初めて供給停止が決定されます。

しかし、世の中には期日を間違えたり、警告を見逃すといったうっかりミスによるものや、故意に支払わないというケースとは別に、支払う意思はありながら経済的な理由で支払えないという消費者も存在します。供給停止はこういった消費者に深刻な影響を与えることになりますから、自由化以前から欧米諸国では季節やその他の要因を考慮し、供給停止の実施に制限を加える措置が取られてきました。

電力小売自由化は、従来保護されてきた経済的弱者にどのような影響を与えるのでしょうか。

8-1　経済的弱者をどう助ける？

経済的弱者の救済と聞くと、生活保護のような、国による社会保障制度を想像される方が多いのではないでしょうか。

電力やガスといった、個別の商品・サービスを対象とした消費者救済策というのは、イメージしにくいかもしれません。しかし、欧米諸国を見渡してみると、エネルギーの消費者に的を絞った弱者救済策が、幅広く実施されています。その多くは、各国（米国では各州）政府の規制や、エネルギー規制機関の監督の下で、電力会社が実施しているものです。

8-2 自由化は弱者に優しくない？

このような経済的弱者の救済措置は、米国では1970年代、石油危機に伴うエネルギー価格の高騰をきっかけに、導入されました。しかし、電力の自由化によって、経済的弱者の保護は、より重要な意味を持つようになります。それは、以下のような理由によります。

理論的に、自由化された小売市場では、消費者はより安い電気やより良いサービスにアクセスする可能性や選択肢を持ち得ます。ただし、自由化市場はすべての消費者にとって好ましく機能するわけではありません。というのは、原則的に、市場は「消費者の支払い能力に応じてモノやサービスを分配する」という特性があるためです。つまり、経済力を持たない消費者に対しては、割高なサービスや質の悪いサービスが提供される傾向があるのです。そのため、自由化に伴って不利益を被る可能性のある、交渉力を持たない消費者、とりわけ低所得者などの弱い立場の消費者に対して、特別な配慮が必要となります。

特に、低所得者への電力供給は一般的に高いコストがかかることになります。これは例えば、料金の回収に要する手間や支出が大きかったり、さらには回収できなかったりすることも起こり得るためです。加えて、低所得者は、その消費電力量が一般家庭の平均的な消費量に比べて著しく低いケースが多く、電力会社にとって利益が少ない顧客層となります。こうしたことはすべて、これらの消費者が電力会社のマーケティングの対象になりにくいことを意味しています。

◉米国　州ごとに様々な対応を取っている

米国では州ごとに経済的弱者保護策が取られています（表5-1）。州によって低料金メニューや割引料金が用意されているほか、未払い分の分割払いや債務減免などの措置が取られているようです。また、住居にエネルギー消費を削減するための措置を講じたり、エネルギー消費削減のための情報提供や教育を実施している州もあります。そのほか、厳冬期や猛暑期には、供給停止を行わないような規定があるところもあります。

表5-1　米国各州で導入されている経済的弱者保護策 (注)

低所得者保護プログラム
・一定の標準的な料金メニューを低料金で供給 ・消費者への請求額を一定率割り引く（割引料金） ・毎月の消費者の収入額に対してあらかじめ定められた一定率で支払う ・一時的に支払の工面ができない消費者に複数回の支払いや後日の支払いを認める ・過去の累積請求額の一部または全部を帳消しにする ・低所得者の住居にエネルギー消費量を削減するための措置を講じる ・エネルギー消費量を削減するための情報提供や教育を実施する ・消費者の光熱費の支払いを支援するためのカウンセリングを行う
一方的な供給停止からの消費者保護
・事前通知の実施 ・厳冬期における供給停止の禁止 ・猛暑期における供給停止の禁止 ・各州の関係機関の承認を必要とする ・供給停止の代替措置として電力会社が支払計画を提案する

（注）それぞれの施策は全米の一部の州において、基本的に州単位で導入（必ずしもすべての州で導入されているわけではない）

［出所］海外電力調査会作成

◉EUでは自由化ルールの中で規定

欧州では、欧州連合（EU）域内の電力自由化ルールを規定した法律の中で、加盟各国に対し、「弱い立場の消費者」を定義づけ、必要な救済措置を規定することが求められています。具体的な救済措置の導入は加盟各国の裁量に任されていますが、2010年発表のEUの報告書では、多くの加盟国で、経済的弱者に配慮した措置が普及していることが分かります。

例えば、経済的弱者に対する割引料金などの低額な料金は、当時のEU加盟27カ国中、23カ国で提供されています。これらは、政府の規制によって実施されている場合（フランスなど）や、政府と合意した枠組みに基づき、電力会社が自主的に実施している場合（英国など）があります。

また、料金滞納時の供給停止から、消費者を保護する規制も、多くの加盟国で見られます。最も一般的なのは、供給停止の際の事前通知を、電力会社に義務付ける措置です。通常、支払期日が過ぎてから一定期間までに通知が与えられ、その後、さらに一定期間が経過するまで供給停止を実施してはならないことが規定されます。また、高齢者、傷病者、低所得者、社会保障受益者など（またはその複数の組み合わせ）に対する供給停止を、原則的に禁止する規定も見られます（表5-2）。さらには、経済的弱者に限らず、暖房の利用が増える冬季の供給停止を、全面的に禁止する規定を設けている国もあります。

このほか、電力会社が、料金滞納者の支払計画の策定を支援することで、その消費者に支払いの猶予を認めるような措置も、広く採用されています。また、より低額な料金メニューへの切り替えや、省エネルギーについての助言を行うサービスを提供する電力会社も数多く見られます。

表5-2　EU各国の供給停止禁止措置の状況

	電気		
	あり	なし	その他
オーストリア		○	
ベルギー	○		
ブルガリア		○	
クロアチア		○	
チェコ	○		
デンマーク		○	
エストニア	○		
フィンランド	○		
フランス	○		
ドイツ		○	
英国	○		○
ギリシャ		○	
ハンガリー	○		
アイルランド	○		
イタリア	○		
ラトビア		○	
リトアニア		○	
ルクセンブルク	○		
ノルウェー	○		
ポーランド		○	
ポルトガル			○
ルーマニア	○		
スロバキア		○	
スロベニア	○		
スペイン	○		
スウェーデン	○		
オランダ	○		
合計	16	10	2

※「その他」は、特定の需要家のためにサービスを行う組織（Priority Services Register）の設立を求める（英国）、冬季のみ供給停止を禁止する（オランダ）など

［出所］欧州電力・ガス規制者グループ（ERGEG）の資料をもとに海外電力調査会作成

表5-3 EU加盟国の保護対象となる需要家の定義

A	収入が一定水準に満たない すべての需要家	E	障害を持つすべての需要家
B	高齢のすべての需要家	F	収入が一定水準に満たない 小規模需要家（家庭用を除く）
C	子供を持つすべての需要家	G	小規模なすべての需要家 （家庭用を除く）
D	すべての需要家	H	その他

電気（16カ国）

	A	B	C	D	E	F	G	H
ベルギー				○				
チェコ				○		○		
エストニア				○				
フィンランド								○
フランス				○				
英国		○	○		○			
ハンガリー								○
アイルランド		○						
イタリア								○
ルクセンブルク				○				
ポルトガル								○
ルーマニア					○			
スロベニア	○							
スペイン								○
スウェーデン	○							
オランダ				○			○	
合計	2	2	1	6	2	1	1	5

[出所] 欧州電力・ガス規制者グループ（ERGEG）の資料をもとに海外電力調査会作成

9 個人情報の扱いは？

小売全面自由化後、競争が激しくなれば、ライバルを出し抜くために、小売会社は需要家の個人情報を手に入れたいと思うでしょう。その価値は競争が激しいほど、高くなります。しかし電気の使用量などの情報からは、家族構成や家庭の収入や生活パターンなどが把握できてしまうため、漏えいすると大きな問題となります。

自由化を実施した国や地域の小売会社は、どのような個人情報を、どうやって管理しているのでしょうか。また、小売会社が個人情報を漏えいする危険性や、個人情報が漏れてセールスの電話や詐欺まがいの電話がかかってくる可能性はないのでしょうか。少し不安になりますね。

欧米では、電力関連情報も、個人データないしプライバシーを保護するための法律の中で保護されています。日本でも、需要家の個人情報は個人情報保護法に基づいて保護され、この法律に基づいて電力会社が個人情報を管理しています。

9-1 英国の場合

英国では、1998年のデータ保護法に基づいて、需要家の個人情報が保護されています。個人情報を管理しているのは、小売会社、送電会社、規制機関など、需要家の個人情報を持つすべての機関です。小売会社は、契約時に需要家が提供した個人情報のほか、需要家の消費電力量のデータ、請求額といった情報を管理しています。そして小売会社は、需要家の個人情報を送電会社や規制機関に提供しています。送電会社は、系統の利用状況を把握するため、また長期的な系統計画を作るために、すべての需要家が使った電力量の情報を小売会社から入手します。規制機関は、小売会社が法的義務を守って小売事業を行っているのかを判断するために、個人情報を使っています。規制機関がどのように個人情報を扱い、どのように使うのかを定めた「プライバシー方針」は、規制機関のウェブサイトで公表されており、メールで問い合わせすることもできます。

小売会社も、どういう需要家の個人情報を持ち、どう使い、誰がその個人情報にアクセスし、どう管理しているのか、などの問い合わせをいつでも受け付けています。ただし、情報提供する前に、データ保護法に基づいて、問い合わせした人が本人なのかを確認するため、手数料（10ポンド：1,775円）が必要です。英国大手の小売会社スコティッシュ・パワー（Scottish Power）では、手数料の支払いから40日間以内に情報を提供しています。

9-2 米国・テキサス州の場合

米テキサス州では、規制機関がプライバシーの権利として、法律に基づき需要家の個人情報を保護するよう、小売会社に義務付けています。そのため小売会社は、需要家の同意なしに、需要家の個人情報を公表することができません。需要家の個人情報とは、氏名、住所、顧客番号、過去の消費電力量（消費パターンが推測できるようなもの）、需要家が使用している設備（メーターなど）の種類、契約条件、契約している電気料金メニュー、請求額を指します。

小売会社は、最低限必要な関係先にのみ、個人情報を提供しています。提供先は、小売会社の関連会社、公共事業の規制機関、公的な需要家保護機関、連邦レベルから州・市レベルまでの各法的機関、連邦貿易委員会（FTC）が指定した消費者動向調査機関、需要家に経済的支援を行うエネルギー関連サポート機関、需要家の転居や小売会社の変更で必要な登録機関です。小売会社の関連会社は、電気料金の計算システムなど小売関連サービスの提供に使用するために、個人情報を持っています。また規制機関は、テキサス州のすべての小売会社を規制監督し、顧客の苦情を調査・解決するために個人情報を使っています。

規制機関は、冒頭で述べたような勧誘電話が来ないように、電話での販売勧誘を停止するサービスを行っています。電話での小売販売セールスを受けたくない需要家は、指定されたフリーダイヤルやウェブサイトから申し込めば、規制機関が作成している「Do Not Call List（電話しないでリスト）」に登録されます。これで、万が一、どこかで電話番号が知られても、セールスの電話を防ぐことができます。

自由子の5章メモ

小売自由化で起きる問題と対策

- 悪質な勧誘もあるので、電力会社を変更する時は、契約内容をよく確認すること。
- 自由化されても電気料金が必ずしも安くなるわけではない。
- 米国ではもともと自由化州のほうが電気料金が高い傾向にある。
- 料金メニューは複雑化する傾向に。
- 電力会社を変える時、固定型料金メニューなどでは解約金が発生する場合がある。
- 自由化されたからといって停電が増えるわけではない。制度設計が大事。
- 未払金があると供給停止になることも。
- 購入先の小売会社が倒産しても、ラストリゾートという制度があるので電気は使えるが、標準的な料金メニューより高いことが多いようだ。
- 経済的弱者への配慮は行われているようだ。
- 個人情報は一般的な個人情報保護の法律に基づき保護される。

電力会社と契約するときは、ペンシルベニアの質問リストを参考に確認するといいわね！

第6章

電力ビジネスの新しい動き

1 デマンドレスポンスを組み込む電力取引市場が登場

これまでの章でデマンドレスポンスの考えを取り入れた料金メニューが登場していることを紹介しました。

あらためて説明すると、デマンドレスポンスとは、主に電気の消費量が発電量を上回りそうな状況、つまり電力需給が逼迫しそうな状況において、電気の消費者である需要家に電気の使用を控えてもらうものです。つまり、デマンド（需要）を需給状況に合わせてレスポンス（応答）させるのです。これは発電した電気は貯蔵できないため、需要（消費量）と供給（発電量）を常にバランスさせていないと、安定して送ることができなくなるためです。これまでの電力需給は発電側を調整してバランスを保っていたため、最大需要に合わせて発電設備を用意する必要がありましたが、需要側で調整できれば、設備投資削減ができる可能性があります。

電気料金メニューによるデマンドレスポンス以外にも、電力会社などとの契約に基づいて削減した電気に対して、発電電力と同等の価値を認めようという考え方があり、削減分の電気を電力の単位であるキロワットやメガワットになぞらえて「ネガワット」と呼んだりします。需要削減分を意味する造語です。

デマンドレスポンスメニューは参加者が多いほど、節電量がまとまってより高い効果が出てきます。米国では、電力会社やアグリゲーターと呼ばれる小口需要をまとめる事業者が、デマンドレスポンスにより得られたネガワット（需要削減分）を卸電力市場で商品として取引している事例があります（図6-1）。

ネガワットが取引されている地域として有名なのは、米東部13

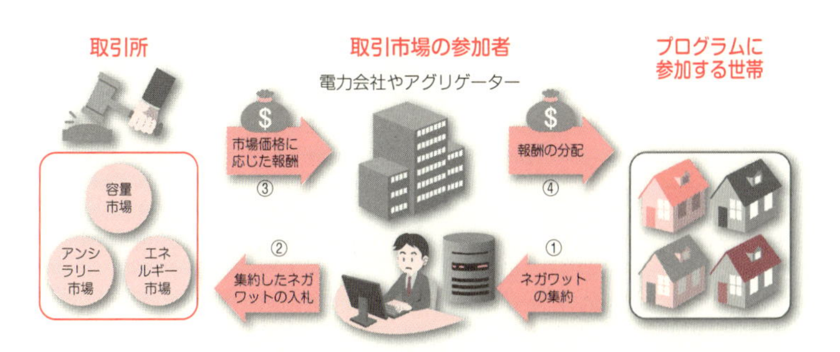

図6-1　デマンドレスポンスを利用した取引所取引のイメージ
［出所］海外電力調査会作成

州とワシントンD.C.をエリアとする地域送電機関（RTO）のPJMです。PJMが運営する卸電力市場においてまとめられたネガワットが取引され、値が付いています。

これから少し詳しく説明しますが、デマンドレスポンスの卸電力市場での活用については、どうしても卸電力市場に関するある程度の専門的な内容を含みますので、ご興味のない読者は「へえ〜、海外ではそうなっているんだ」程度に読み流していただければと思います。

●ネガワットを取り引きするPJM

米国では、独立系統運用者（ISO）や地域送電機関と呼ばれる独立した広域系統運用機関が卸電力市場を運営しています。卸電力市場は、一般に通常の電力を取引するエネルギー市場（Energy Market）と電力系統の運用・維持に不可欠な調整力（アンシラリーサービス）を取引するアンシラリーサービス市場、電力の発電設備容量（kW）を取引する容量市場（Capacity Market）に分けられます。なお、容量市場を開設していない地域もあります。

さらにエネルギー市場は、実際の電力の受け渡しの前日に取引を行う前日市場（Day-Ahead Market）と、受け渡し当日に最終的な需給を調整する当日市場（Intra-Day Market）に分けられます。

PJMが運営する卸電力市場では、前日と当日のエネルギー市場、容量市場、アンシラリーサービス市場すべてにデマンドレスポンスによるネガワットが参加できます。

エネルギー市場において、PJMでは事前に、デマンドレスポンスの利用が市場に便益を与える価格を公表し、全市場取引の結果、約定価格（注文の売買が成立した価格）がその価格を上回れば、デマンドレスポンスによる入札分は約定（成立）し、市場参加者に報酬が支払われます。

容量市場は、卸電力市場を通じて中長期的な供給力を確保する、つまり将来のある時点の需要を満たすために必要な発電設備が足りなくならないようにするという意図でつくられたものです。容量市場におけるデマンドレスポンスに関しては、「需給が逼迫した状況下で必要分の需要削減を約束する」ことは、同じ容量の発電設備を確保することと同じ効果をもたらすと評価されており、発電容量と同様に入札が可能となっています。

アンシラリーサービス市場は電力を高品質に保つことを目的とした調整力を確保するための市場です。例えばPJMの市場では、デマンドレスポンスは系統運用者の指令後10分以内に応答が求められる同期予備力（Synchronized Reserve）や、5分以内に応答が求められる周波数制御力（Regulation）と呼ばれる商品として参加ができます。つまり、系統運用者が定める要件を満たすデマンドレスポンスによるネガワットは、系統の調整力を確保できるような性格をもつ種類の商品として、アンシラリーサービス市場に参加することが可能であるといえます（図6-2）。

●周波数制御力市場における取引量

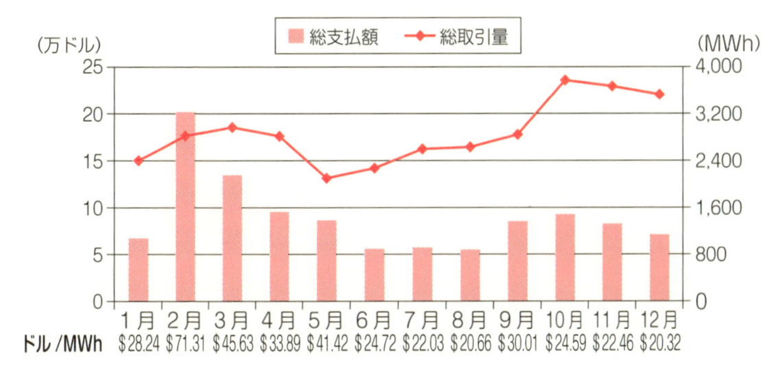

●同期予備力市場における取引量

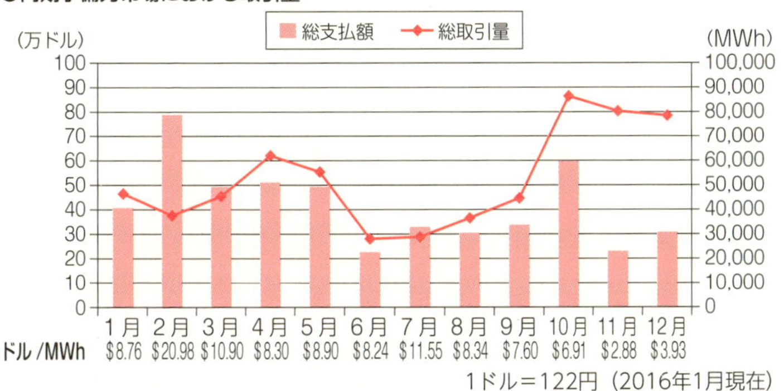

1ドル＝122円（2016年1月現在）

［出所］PJM 2015 Demand Response Operations Markets Activity Report

図6-2　PJMのアンシラリーサービス市場へのデマンドレスポンスの参加状況（2015年）

このように、米国では既にデマンドレスポンスによるネガワットが商品化されていますが、商品となりうる条件として、ネガワットが地域的にも規模的にもまとまっている必要があります。

商品として入札できるネガワットの取引単位はある一定量以上とされており、デマンドレスポンスの実際の供給源（需要場所）は限定された地域内に入っていなければならないとされています。

さらに、デマンドレスポンスの供給源、つまりデマンドレスポンス・プログラムに参加できる供給源は、商品によっては、系統運用者が指定したすべての要件を満たすテレメーター（通常の電力量計とは異なり、より細かい時間帯の電力量を記録するメーターでスマートメーターに近いもの）を設置して、削減した電力量を系統運用者に対して遅滞なく報告する必要があるなど、市場に参加するために様々な要件を満たす必要があります。

なお、欧州では、市場制度設計の違いなどにより、米国ほど電力取引市場におけるネガワットの活用は活発ではありませんが、今後、取引市場により一層組み込んでいく予定としています。

2 自由化で普及が進むESCO事業

ESCOとは、エネルギー・サービス会社（Energy Service Company）の略称で、省エネルギー診断、設計・施工から、導入設備の運転・保守、資金の調達まで、省エネルギーに関する包括的なサービスを利用者に提供する事業者のことを指します。

1990年代以降、化石燃料の枯渇や地球温暖化問題への対応策として、エネルギー効率化の重要性が叫ばれるようになり、それに伴ってESCOへの関心も高まっています。そのビジネスモデルは、ESCO事業者が実現する省エネルギーによってもたらされた利益の一部を、利用者である消費者側がESCO事業者に対し報酬として支払うというものです（図6-3）。

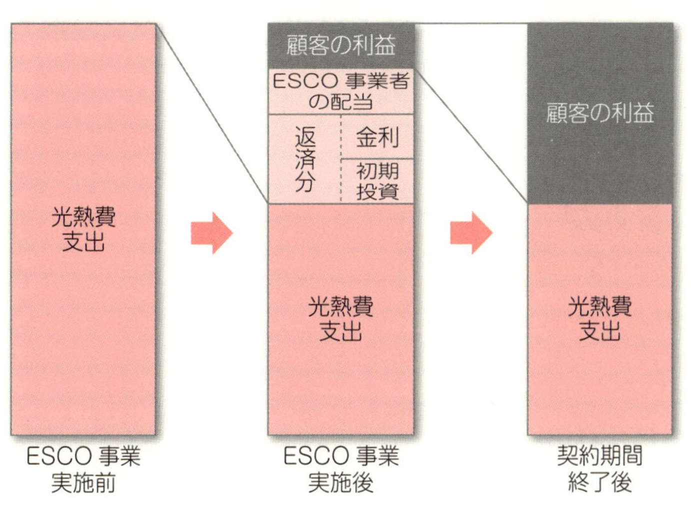

［出所］ESCO推進協議会ホームページ

図6-3 ESCO事業のビジネスモデル

このビジネスモデルの大きな特徴としては、省エネルギーによって節減された経費によって、すべての省エネルギー投資が賄われるため、利用者たる消費者側の経済的負担がないという点が挙げられます。利用者側にはESCO事業者に対する報酬として、一定金額を支払うことが求められ、省エネによって実現された節減金額が、当初の見通しを上回った場合には、その利益は利用者のものとなります。

欧州でESCO事業が最も成熟しているのは、ドイツ、オーストリア、そのほかにはハンガリー、フランス、英国でも進展しています。また米国では公共部門を中心に普及しています。日本では工場や事業所などを対象としたESCO事業者はありますが、個人向けとなるとほとんどないのが実情です。

各国のESCOの状況を見てみましょう。

2-1 ドイツ：暖房用・給湯用の循環ポンプ交換で電気料金10%低減

ドイツでは、ある市営の電気・ガス会社が、家庭用の顧客に対しESCOを活用し、古くなった効率の悪い循環ポンプを新しい高効率のポンプと交換したという例があります。すべての顧客は新たに設置された循環ポンプに約300ユーロ（約4万100円）の金額を支払い、約80%の省エネが可能となったおかげで、その後長期間にわたって電気料金を最大10%低減することができたということです。事業としての利益は低いものの、ESCOの機能をうまく使い、顧客を安定的に保持することができたということで、家庭部門におけるESCOの成功事例のひとつと言えるのではないでしょうか。

2-2 英国：省エネ目標割当で、大手企業が参入

英国ではおよそ20社のESCO事業者が存在しています。主要なESCO事業者は国際的な熱供給制御装置メーカー、石油企業、電力会社の子会社などで、有力企業がESCO事業に参入しています。

その理由として、2002年から省エネ達成目標割当制度によって、電力・ガス会社に対し、家庭用顧客のエネルギー効率化を図る義務が課せられているということがあります。そのため、英国では家庭部門におけるESCOプロジェクトが非常に多いのが特徴です。

例えば、政府が住宅の省エネ改修を促進するために取り組んでいる「グリーン・ディール」（Green Deal）という制度があります。この制度の仕組みは、民間企業（ESCO事業者）が消費者に建物のエネルギー効率改善策を提供し、消費者は光熱料金の支払いを通じてその改善策の費用を分割払いするというものです。消費者は先行投資なしで省エネ機器を導入でき、機器の導入コストは光熱費の削減分で埋め合わされます。

2-3 米国：公共部門中心に普及

米国でのESCO市場は1990年代から着実に成長を続けており、2009年から2011年までの3年間を見ると、その成長率は年率9%と同じ時期のGDP成長率を大きく上回る伸びを見せています。

ESCO利用者は日本では民間部門が中心であるのに対し、米国では公共部門が中心となっています。施設形態別に見ると、州・地方政府の施設、大学、幼稚園から高等学校までの教育機関（K－12）および医療機関の4形態が売上高全体の63%（32億ドル）、連邦施設が同21%（11億ドル）と公共部門が同84%を占めていま

すが、民間の商業・産業施設は8%（4億ドル）にとどまっています。

民間商業施設については、ESCO事業に伴う投資を長期間かけて回収することに根強い抵抗感があり、省エネ改修をする場合でも1〜2年程度の短期間の事案が多いとされています。一般に、ESCO事業は比較的長い投資回収期間を要するため、低金利での長期融資の促進といった州の政策を活用することで、商業施設所有者のESCO事業に対するハードルが下がることが期待されています。

3 ホワイトラベル

日本でも2016年4月の小売の全面自由化により、様々な会社が電気を販売するようになります。英国では、小売会社としてライセンス（事業免許）を取っている事業者だけでなく、ブランドを付けて顧客に販売する「ホワイトラベル」と呼ばれる事業者も登場しています。これらホワイトラベル事業者とは、小売ライセンスは保有していませんが、小売ライセンスを保有する事業者と提携し、自社ブランドを活用することでガスや電力を代行して販売する事業者のことです。

例えば、セインズベリーズ（Sainsbury's）という大手総合スーパーマーケットチェーンがセインズベリーズ・エナジー（Sainsbury's Energy）という子会社をつくり、ブリティッシュ・ガス（British Gas）と提携し、セインズベリーズのブランドで電気を販売しています（図6-4）。

英国の6つの大手電力会社のいくつかは、ホワイトラベル事業者と提携しています。そのうちのひとつ、スコティッシュ・サザン・エナジー（SSE）は、大手百貨店マークス＆スペンサー（Marks&Spencer）の子会社M&Sエナジーや、非営利の電力・ガス供給者EBICoと提携しています。またドイツの大手電力会社RWEの子会社であるエヌ・パワー（npower）は、電気、ガス、通信など広範な公益事業サービス提供会社テレコムプラス（Telecom Plus）と提携し、ユーティリティー・ウェアハウス（Utility Warehouse）のブランドでホワイトラベル電力を提供していましたが、現在は提携を解消しています。

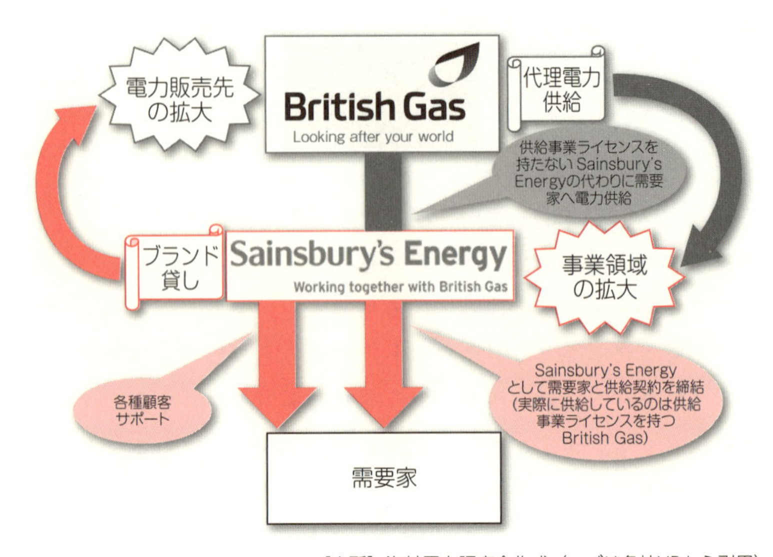

[出所] 海外電力調査会作成(ロゴは各社HPから引用)

図6-4 実際のホワイトラベルのイメージ
(ブリティッシュ・ガスとセインズベリーズ・エナジーの事例)

◉ホワイトラベルのサービスにどんなメリットが?

大手電力会社のSSEと提携しているM&Sエナジーの場合、電気を購入する契約を結んだ顧客は、マークス&スペンサーの10ポンド(約1,780円)相当の商品券をもらえます。さらに電力とガスを一括契約すると、20ポンド(約3,560円)相当の商品券をもらえます。SSEは2008年からM&Sエナジーへホワイトラベル電力を提供しています。M&Sエナジーの顧客数は2013年8月時点で約20万軒に上っています。

一方、セインズベリーズ・エナジーの場合も、固定型料金契約を締結すれば、総合スーパーマーケットであるセインズベリーズ独自のポイントかセインズベリーズの商品券(どちらも50ポンド:約8,900円相当)のいずれかをもらえます。セインズベリーズ・エナジーは、ブリティッシュ・ガスからホワイトラベル電力の提供を受けて2011年からサービスを開始しており、2014年4月時点で19万軒の顧客を獲得しています。

セインズベリーズ・エナジーの場合、ホワイトラベル電力の提供元であるブリティッシュ・ガスのサービス内容やディスカウント、ポイントサービスとは完全に異なる料金体制を取っています。標準料金契約についてはブリティッシュ・ガスと同じ水準ですが、デュアルフュエルの固定型料金契約（Fix＆Reward March 2016、期間16カ月）は、ブリティッシュ・ガスより10％程度割安に設定されています（表6-1）。

◉OFGEMが規定を改正

英国の規制当局であるガス・電力市場局（OFGEM）は2015年10月1日、消費者保護の観点から、ホワイトラベル事業に関する規

表6-1　ブリティッシュ・ガスとセインズベリーズ・エナジーの電気・ガス料金メニュー比較（2014年10月）

会社名	種別	料金メニュー	期間	年間支払い額（ポンド）	解約手数料（ポンド）
ブリティッシュ・ガス	電力	Standard	無期限	534.46	なし
	ガス	Standard	無期限	306.14	なし
	デュアル	Fix & Reward March 2016	16カ月間	825.59	60
	デュアル	Standard Dual Fuel	無期限	825.59	なし
セインズベリーズ・エナジー	電力	Standard	無期限	534.46	なし
	ガス	Standard	無期限	306.14	なし
	デュアル	Fix & Reward March 2016	16カ月間	747.16	60
	デュアル	Standard Dual Fuel	無期限	825.59	なし

注）供給区域はロンドン市庁舎周辺、年間消費電力量は3,500kWh、年間ガス消費量は4,500kWhという条件を想定

1ポンド＝178円（2016年1月現在）

［出所］海外電力調査会作成

定を改正しました。それによると、ホワイトラベル事業者とホワイトラベル電力を提供する小売会社は顧客のメニュー選択の便宜を図るべく、それぞれの料金メニューを合わせた全体の中で最も安価なメニューを顧客に通知することが義務付けられました。例えば、ブリティッシュ・ガスは、セインズベリーズ・エナジーの提供する電気料金メニューの方が安ければ、それを自社の顧客に教える必要があるということです。

コラム　日本ではホワイトラベルは認められず

日本の場合、ホワイトラベルというビジネスモデルは、小売全面自由化後も認められていません。

2015年7月28日に経済産業省で開催された電力システム改革小委員会・第14回制度設計ワーキンググループでは、現行の電気事業法に基づき、原則、日本の電気事業においてホワイトラベル・サービスのようなビジネスモデルは許容すべきではないとの議論が行われました。その結果電気の小売供給契約は最終的な電気の使用者（需要家）とその需要家に電気を供給する者（小売電気事業者）との間で締結することを原則とすることになりました。

ただし、日本でも小売電気事業者としてのライセンスを持っていない会社による電気販売の形態として、媒介、代理、取り次ぎが認められています。ホワイトラベルと似た形態となるのが取り次ぎで、小売電気事業者と提携して自社メニューをつくることができます。いずれのビジネスモデルも、どの小売電気事業者の電気を販売するのかを明確にしなければならないことになっています。

4 スマートメーターへの期待

スマートメーターとは、15分～1時間単位で電力の使用量などを記録でき、需要家と電力会社との双方向の通信機能を備えた新型の電力量計のことです。日本でも設置が進められていますが、スマートメーターについては海外の動きのほうが早く、各国で電気事業者による設置が進められているところです。

欧州各国の中にはスウェーデンやイタリアなど、既に全ての需要家に対してスマートメーターの設置が完了した国もあり、そのような国では電力システムにおける重要なインフラの一部となっています。また、米国においては、州によって普及率に差はありますが、調査によれば、2014年7月現在、全米で5,000万台以上のスマートメーターが設置されており、全家庭の43%以上をカバーしています。

欧米でスマートメーターの導入が強く求められていた理由として、電力会社がデータをほぼリアルタイムで取得できる特性を生かし、盗電対策や停電箇所の特定に活用できるということも挙げられます。さらに、送配電設備の効率的な運用・保守・管理に役立つものとしてもその導入効果が期待されているところです。

消費者にとってのスマートメーター導入のメリットは、これまで以上にきめ細やかな電力使用量などのデータを記録することができるようになるため、自分のエネルギー使用状況を把握・管理できるようになることにあります。スマートメーターのデータは電力会社に送られるほか、家庭内にもデータを受け取るシステムがついていれば、電力会社のウェブサイトや、家庭内ディスプレーと呼ばれるモニターで見ることができます。こうした点は日本と同じです。

また、そのデータをもとに、需要家の電気使用状況などの特性を把握した上で、各世帯に分析レポートを提供したり、省エネのアドバイスを実施したりする小売会社も存在します。例えば、テキサス州の小売会社であるリライアント（Reliant）がそのようなサービスを提供しています。

また、デマンドレスポンス・プログラムのさらなる活用には、スマートメーターによる需要家の電気使用状況の見える化が有効な手段になり得ます。さらに、第1章でも触れた住宅用エネルギー管理システムのHEMS（Home Energy Management System）は、日本をはじめ欧米でも、デマンドレスポンスをより効率的に実現する手段として注目されています。ただ、需要家にとっては、専用機器や家電などの購入費用がまだまだ高額であると捉えられているようで、普及にはしばらく時間がかかりそうです。

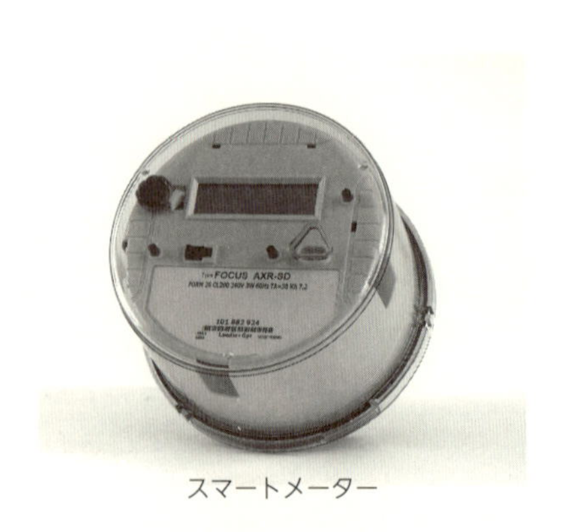

スマートメーター

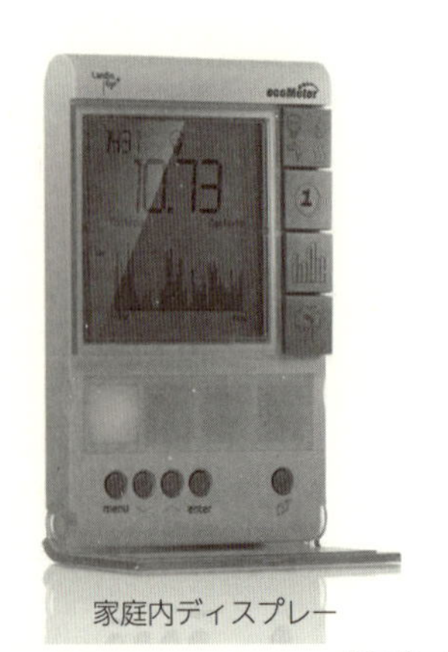

家庭内ディスプレー

［出所］東芝

図6-5　スマートメーターと家庭内ディスプレー

スマートメーターの導入が進むにつれて、米国では現在、スマートメーターから集められる各需要家の電力使用状況というビッグデータを分析することから生まれる新たなビジネスへの期待が高まっています。しかし大多数の需要家に受け入れられるような画期的なアイデアはまだ出てきていないのが現状です。

一方で、住人の在・不在状況といった生活パターンが明らかになってしまうことについて拒否反応を示すような意見も存在します。また、通信回線を介したデータのやり取りを行うスマートメーターの特性上、ハッキングなどのデータセキュリティー上の技術的脅威に対し、適切な対応を講じることも求められています。

5 自由化後に誕生した関連ビジネス

欧米では1990年代の自由化以降、その市場規模の大きさからビジネスチャンスを狙い様々な業界から新規参入が相次ぎました。そのような競争環境下で、電力会社も多くの競合他社に打ち勝つために、顧客満足度をさらに高めるような新たなサービスを考案してきました。

さらに、現在のインターネットをはじめとする情報通信技術（ICT）の目覚ましい進展は、スマートメーターの普及と相まって、膨大な量の情報データを取り込み、私たちにかつてない新たなサービスを提供してくれそうです。

5-1 IoTを活用する

スマートメーターの情報分析による新たなビジネスチャンスの模索について前述しましたが、さらにこれが進んで、インターネット・オブ・シングス（IoT）という、あらゆるものがインターネットにつながることによる技術革新や新たなサービス誕生への期待も盛り上がっています。

例えば、検索大手のグーグルが買収したネスト（Nest）に注目が集まっているのもそのひとつの動きです。ネストは、インターネットにつながった空調を制御する家電機器であるスマート・サーモスタットを販売していますが、これを米国の小売会社が顧客に無償で配布し、顧客の省エネニーズに応えるようなプログラムを提供しているケースもあります。

例えば、テキサス州のリライアント（Reliant）はネストと提携して同社のスマート・サーモスタットを無料配布し、顧客の省電力化を図っています。このようにインターネットに接続している機器が増えれば、デマンドレスポンス・プログラムなどと連動することも可能になり、より大きなネガワットの活用が生まれる可能性もあります。

5-2 電気自動車と電気販売を結び付ける

電気自動車の普及に伴って、電力会社が自ら電気自動車の充電設備を設置の上、電気自動車を所有している顧客専用の料金メニューを提供し、電気料金と充電設備のリース代金を受け取るビジネスも登場しています。

例えば、カリフォルニア州のパロアルト市営電力局がこうした電気自動車関連のサービスを提供しています。

5-3 料金比較サービス

すでに第2章で紹介していますが、競合する小売会社の電気料金を一覧で比較できるようにし、顧客自身の生活パターンに適合した供給サービスを提供する会社を選択できるようにするウェブサービスも一般的になっています。ウェブサイトを通じて顧客の小売会社の変更（スイッチング）が行われた場合、変更先となった小売会社が紹介手数料をウェブサイト運営会社に支払うことで収益をあげるビジネスモデルです。このようなスイッチングに関連したウェブビジネスは、自由化された市場においては一般的なものであるといえるでしょう。

また、運営会社のなかには、電気料金の比較に加えて、太陽光発電設備などの再生可能エネルギー設備や蓄電池の導入提案などを合わせて実施している会社もあります。

6 分散型電源をネットワーク化する ニューヨーク版の電力システム改革

米国のニューヨーク州は小売市場の全面自由化を実施している州のひとつで、家庭用の消費者も自由に小売会社を選ぶことができます。そんなニューヨークですが、ここ最近は、大きな発電所で電力を発電、送電・配電、そして消費者に小売するという通常の電気事業体制から、再生可能エネルギーを中心とした分散型の事業モデルへ転換しようという斬新な取り組みが行われています。

ニューヨーク州のクオモ知事は、州内の再生可能エネルギー導入にかなり熱心で、これからは各地に分散する太陽光発電や風力発電を蓄電池などとうまく組み合わせて電力システムに取り込んでいこうと考えています。また、米国は日本に比べて送電線や配電線といった電力設備の老朽化が進んでいて、これらを新しく建

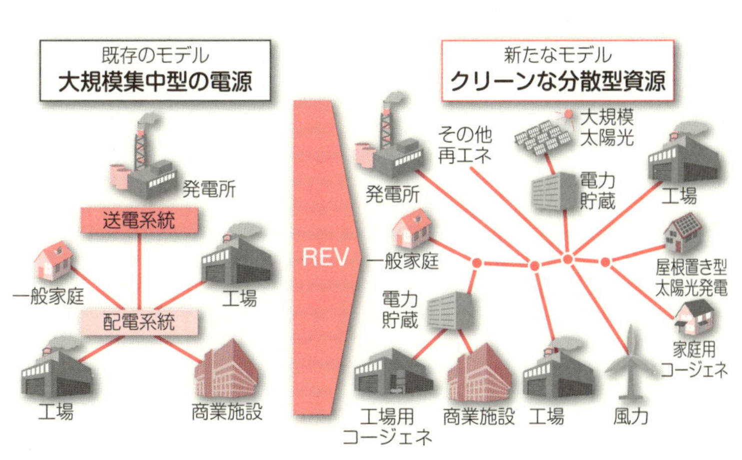

［出所］ニューヨーク州公益事業委員会ホームページより海外電力調査会作成

図6-6 ニューヨーク州のエネルギービジョン改革（REV）

て直すには莫大な費用がかかることから、需要家がもつエネルギー資源をうまく活用して電力システムを健全に維持できないかと考えているようです。

ニューヨーク州のこうした取り組みは、エネルギービジョン改革（REV：Reforming the Energy Vision）と呼ばれ、ニューヨーク版の電力システム改革といえますが、検討はまだ始まったばかりで、今後の行方が注目されます。

REVによる分散型資源の普及は、電力会社にとっては電力販売収入の減少につながるため、ある種のピンチだとする議論がある一方で、これを自社の事業拡大のチャンスと捉え、新たな収益源を獲得しようと様々な新規ビジネスを検討する電力会社もあります。

例えば、スペインの大手電力会社イベルドローラを親会社に持つアバン・グリッド（Avant Grid）は、太陽光発電設備などを販売する再エネ開発事業者と消費者とを結びつける“プラットフォーム”を提供し、仲介手数料を得るビジネスモデルを考案しました。電力会社は自分がもつ電力系統の状況を最もよくわかっていますから、どこの地点に分散型資源を設置すれば、系統運用上のメリットが大きいかわかります。さらに電力会社は、所有する電力メーターを通じて、需要家がどのようなエネルギーの使用状況であるかがわかるので、分散型資源を導入するニーズの高い需要家を特定することもできると考えているようです。

アバン・グリッドは、再エネ開発事業者などによる商品（太陽光や蓄電池、省エネ機器など）を系統運用の効率化の観点から分散型資源の導入メリットが大きい地点にいる導入ニーズの高い需要家に紹介するような場や機会、すなわち“プラットフォーム”

を提供するとしています。

電力会社が用意したこのような“プラットフォーム”を通じて自社商品を販売することは、再エネ開発業者などにとっても効果的に潜在顧客に自社商品を販売できるというメリットがあります。理想的にはすべての関係者にとってウィン・ウィンになると期待しているアバン・グリッドのこのビジネスモデルは、IT業界で有名なアップルやグーグル、アマゾンといった企業が成功した仕組みと同様の考え方だと評価する声もあります。

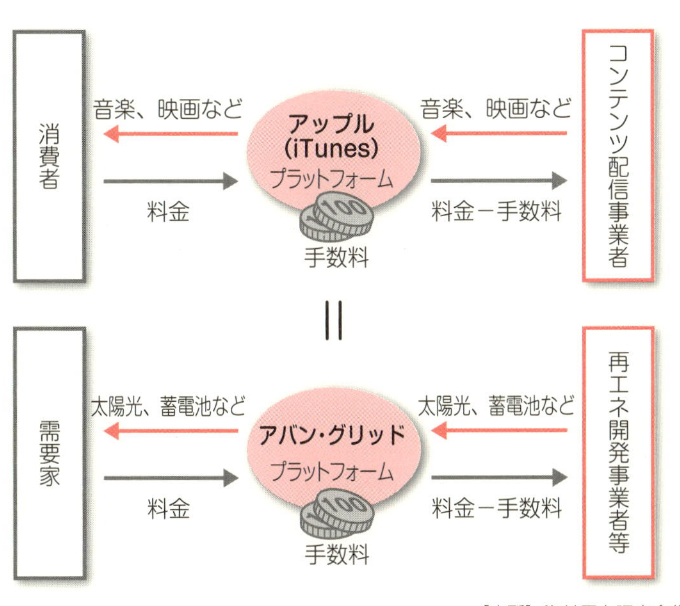

図6-7 アップル（iTunes）とアバン・グリッドのビジネモデル

自由子の６章メモ

自由化時代の新しい電力ビジネスについて

・米国ではデマンドレスポンスによる「ネガワット」が商品となっている。

・家庭向けの省エネビジネスも活用されている。

・英国では一部のスーパーやデパートがホワイトラベルとして電気を売っている。

・スマートメーターの導入で電力会社も効率化するし、家庭では自分の電力使用量がわかって節電などに使える。デマンドレスポンスにも必要だと思う。

・IoTや電気自動車など、技術の進歩が、さらに新しい電力ビジネスを生むかもしれない。

・再生可能エネルギーのプラットフォームビジネスも始まっている。

ママがスーパーで買ったのはホワイトラベルの電気だったのね！

第7章

欧米電力会社の生き残り戦略

1 ドイツ

1-1 新規参入、大手電力子会社が入り乱れてイメージカラー戦争が勃発

電力自由化で事業環境が変化する中、電力会社はどのような生き残り戦略を図ったのでしょうか。まずはドイツの例を見てみましょう。

ドイツにおいて家庭用の小売電力市場で顧客争奪戦が開始されたのは、1998年4月の電力市場の全面自由化から1年以上経過した、1999年6月になってからでした。

口火をきったのは新規参入小売会社のアレス・エネルギー（Alles Energy）です。新聞やラジオを通じて、安い電気料金をうたい文句に全国的に顧客獲得に乗り出しました。すぐさま大手電力会社のエル・ヴェー・エー（RWE）が反撃し、8月にアレス・エネルギーよりも安い家庭用料金の全国提供を始めました。ほかにも電力数社が加わり、全国大の競争が展開されました。

その中で、台風の目となったのは業界4位の電力会社エナギー・バーデン・ヴュルテンベルク（EnBW）の子会社イエロー・シュトローム（Yello Strom）です。社名は「黄色い電力」の意味です。

イエロー・シュトロームの武器は、破壊的な価格と大量のCMで確立された抜群の知名度でした。価格面では「19/19」、すなわち、月間基本料金19マルク（当時約1,140円）、電力量料金19ペニッヒ（当時約11.4円）/kWhというゾロ目の覚えやすい料金が提供されました。RWEの提示した電力量料金は25.87ペニッヒ（当時約15.5円）/kWhでしたから、安さは一目瞭然です。

こうした格安の価格が可能だったのは、当時、EnBWの筆頭株主だったフランスのEDFから安い原子力の電力を大量に調達できたからでしたが、幸いなことに普段は原子力を好まない国民からの反発はありませんでした。

一方、認知度アップのため、イエロー・シュトロームは「黄色、良い、安い（gelb, gut, günstig）」、「うちの電気は黄色い」などのCMに1999年だけでRWEのほぼ倍、約54億円の広告費を投じました。他社も「青い電気」、「赤い電気」といったCMで応戦。2000年代初めのドイツの電力業界は、目には見えない電気の「色」をめぐり熱い攻防が繰り広げられました。（図7-1）

このころのイエロー・シュトロームの年間広告費は約120億円。おかげで同社の認知度は95%を超えました。こうした戦略の結果、顧客数は2000年10月に35万軒以上、2001年2月には60万軒と急伸

［出所］Bernd Kreutz『こういうわけで、私は電気は黄色いと思う』（"Also ich glaube, Strom ist gelb"）

図7-1　「私は青いところからの電気は買わない」というイエロー・シュトロームの当時の広告

し、事業開始後4年足らずの2003年6月には遂に100万軒の大台を突破しました。

イエロー・シュトロームの戦略は営業的には成功でしたが、収支は2003年まで赤字続きで、経営的には失敗でした。赤字の原因は、巨額な広告費などに加え、当時の託送料金の決め方にありました。現在は規制機関が託送料金を決定していますが、当時は各送配電会社が自主的に決めており、市営電力（シュタットヴェルケ）の中には競争相手の参入を阻止しようとして不当に高い託送料金を設定しているのでは、と疑われる例が見られました。

イエロー・シュトロームは疑惑のある託送料金を提訴するとともに、全国一律の販売料金を地域別料金に切り替え、託送料金の高い地域の電気料金を引き上げるなど価格を見直すことで2004年には待望の黒字化にこぎ着けました。

今や価格破壊と大量CMの時代は去りました。しかしイエロー・シュトロームはかつての勢いこそないものの、2015年の顧客数は130万軒と、小売会社10位内にランクインしています。

1-2 大手電力会社、経営悪化で再エネ重視に転換

1998年の小売全面自由化をきっかけに、自由化前に8社あった大手電力会社の間で合併や買収が進みました。現在では、エーオン（E.ON）、RWE、EnBW、スウェーデン系のバッテンファル（Vattenfall）の4社に集約されています。

そのドイツの電力業界にとって、第二の転換点が2011年に訪れました。

ドイツは欧州連合（EU）の気候変動政策もあり、早くから再

生可能エネルギーの開発を積極的に進めてきました。その結果、2000年代後半には再エネ電源が大量に供給されるようになり、卸電力価格が下落。火力発電所は再エネ発電の影響を受けて運転時間が激減し、燃料費高騰もあいまって、電力会社は火力発電部門の採算が取れなくなっていました。

このような状況の中、日本で東日本大震災に伴う東京電力福島第一原子力発電所の事故が発生しました。ドイツでは社会民主党と緑の党が連立政権を組んでいた2000年代の初め、脱原子力政策を取っていましたが、近年では原子力を再評価する動きも出ていました。しかし福島第一原子力発電所の事故により、再び、脱原子力に舵を切ったのです。

電力会社にとって、原子力発電は燃料費の削減に大きく貢献していました。しかしこの政府方針の転換で、以前の想定よりも早期に発電所を閉鎖せざるをえなくなり、その結果、原子力発電所の発電量も減少しました。

このように火力発電の採算の悪化に、原子力による発電量の減少が加わり、電力会社の収益性は現在著しく低下しています。大手電力4社は、2011年以降、大幅な赤字を計上しており、危機的な経営状況にあります。2010年から2014年までの5年間で大手電力4社による投資額は4割も減少し、従業員数は、リストラによって20％以上（約4万5,000人）削減されました。

岐路に立たされたドイツの電力会社の中には、火力・原子力発電という従来型の発電事業からの撤退や縮小、再エネ拡大という、経営戦略の大転換を断行する会社も出てきました。E.ONとバッテンファルです。

E.ONは、石炭火力などの従来型の発電部門や資源調達などの部門を別会社として切り離し、小売と再エネ発電に注力するという思い切った改革を行おうとしています。また、イタリアやスペインなどの国外事業からも撤退し、事業整理に伴う売却額は2014年までの3年間で2.6兆円に上ります。

大規模な従業員のリストラも行われ、E.ONグループ全体の4分の1（約1万4,000人）の従業員がこの別会社に移されるなど、過去に例を見ない大規模な組織改革となっています。

バッテンファルも、E.ONと同様、火力発電から再エネ事業へとシフトしています。既に、ドイツ国内の褐炭火力発電所と炭鉱の売却を決定し、海外での火力発電事業からも撤退しています。

会社の分割、事業売却や撤退といった思い切った改革を行ったこの2社とは対照的に、EnBWとRWEは既存の事業を維持しつつ、子会社や部門を統合することでコスト削減を進めています。しかし、火力・原子力などの従来型の発電事業よりも、再エネ発電や小売事業を重視していくという点では、E.ONやバッテンファルと変わりはないようです。

2 英国

2-1 類似する大手6社の価格戦略

小売自由化は小売会社にとって「自由な価格設定」ができるのが最大のポイントですが、各社が思い思いの全く異なる料金やメニューを打ち出すかといえば、実際は異なります。自由化当初、多くの小売会社が誕生した頃はともかく、ある程度の期間がすぎると、電力会社の勢力図も固まってくるため、料金メニューも似通っており、料金改定のタイミングも同じ時期になる傾向があるようです。日本の携帯電話サービスに起きていることと同じですね。

英国では現在「ビッグ6」と呼ばれる大手小売会社6社が電力市場のほとんどを占めています。電気料金はそれぞれ独自に設定していますが、値下げ競争を回避するために、結果的に似たような価格設定を行う傾向が見られます。

具体的には、最大の市場シェアを持つ小売会社（マーケットリーダー）のライバル会社は、マーケットリーダーの料金改定が公表されるまで、料金改定を行わない傾向があります。これには、最初に料金値上げを実施することによるイメージダウンを避けるためというより、マーケットリーダーがどれだけ料金を変動させるかを見極めてから、自社の値上げあるいは値下げ幅を有利に決定したいという思惑があるようです。

例えば、マーケットリーダーをX社、その競争相手をY社として、価格戦略に対する事業者の動きの一例を見てみましょう。Y社は当初15%の値上げを計画しているのですが、X社が値上げを公表するまで待って値上げ幅が20%とわかったら、自社の値上げ幅を18%に変更するといった具合です。

このように、競争相手はマーケットリーダーよりほんの少し有利な位置につけようとする傾向があるので、結果的に、大手小売会社間で料金改定の価格動向が類似することになるわけです（図7-2）。

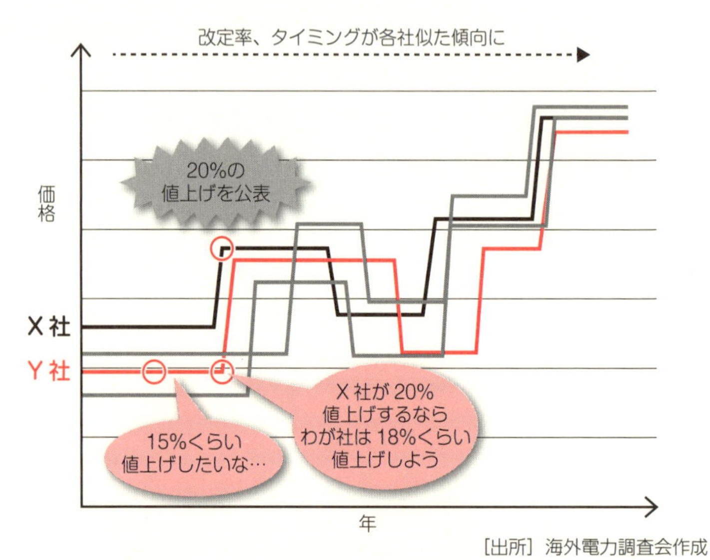

［出所］海外電力調査会作成

図7-2　大手電力会社の価格戦略のイメージ

英国のガス・電力市場局（OFGEM）が実施した、2004年から2013年までの大手事業者の電気およびガス料金改定に関する調査によると、電力会社が電気・ガス料金の改定を重ねるごとに、改定率の度合いが近づく傾向が見られます。2004年から2013年までに、大手6社は16回の料金改定を行っていますが、そのうち、最初の1回から7回までの料金値上げでは各社の値上げ率の差は平均して4〜6%であったのに対し、9回目以降の差は平均2%以内に縮小しました。

また、もうひとつの傾向として、電力会社の料金改定のタイミングが年々近づいていることも挙げられています。同じように、2004年から2013年の6社の料金改定のタイミングを見てみると、1～4回目の改定では、ある電力会社が最初に料金改定を行ってから20～35日間後に他の電力会社が追いかけるように改定を行っていましたが、5回目以降は5～20日間後に改定するようになり、実施のタイムラグが縮まっています。

こうした傾向の背景としては、料金値上げに対して、マスメディアや政治家の強い関心が向けられるために、大手電力会社の間でできるだけ同じタイミングで料金改定を行うことで注目度を緩和したいという暗黙の協調があると考えられます。

2-2 風雲児の登場で独立系のシェアが拡大

英国における小売市場の全面自由化は1999年にさかのぼり、家庭用供給ライセンスを取得している会社は100社以上にのぼりますが、前述の通り、市場シェアからみるとビッグ6の寡占が続いてきました。小売会社の変更率こそ高いものの、実態はビッグ6の間の顧客争奪戦が中心で、ビック6以外の独立系の新規小売会社には割り込む余地がありませんでした。6社の市場シェアは2010年まで99%を超え、新規小売会社は1%未満のシェアを細々と分け合っていました。

しかし、供給先の変更手続きの簡素化などにより新規小売会社のシェアは近年目覚ましい伸びを示すようになり、2015年4月には12.6%にまで増加しています。

そうした新規小売会社のトップランナーが、2008年に通信会社ファースト・テレコム（First Telecom）から分離独立したファースト・ユーティリティー（First Utility）です。同社は、全業種を通じ過去3年間で販売の伸びがもっとも高い国内企業100社に4年連続で選ばれ、2015年4月の小売シェアは3.8％を占めるまでに成長しました。

ファースト・ユーティリティーの最大の売りは安い電気料金で、顧客獲得のために提供する同社の1年間の優遇料金は業界最安値クラスです。さらに優遇料金終了後に適用される通常の料金もビッグ6の標準型料金よりも安くすることを約束しています（図7-3）。2013月末には安い燃料を確保するため、石油メジャーのシェル（Shell）と3カ年の電力・ガス調達協定も結んでいます。

また、革新的技術の導入にも熱心で、スマートメーターの設置を同社が英国で初めて家庭用消費者に提案しました。現在はスマートメーターのデータを利用してエネルギー消費量の実績やトレンドを図示、比較し、省エネに役立つようなiPadやiPhone、Androidなどのアプリケーションを提供しています。

なお、同社のホームページからは、割安料金を提供するディスカウント企業としての一面だけではなく、顧客の関心に注意を払い、社会的活動に積極的に取り組んでいる企業の姿が浮かび上がってきます。これには社会貢献に努力していることを伝えることで、企業の好感度をアップし、業績向上につなげることを目指しているものと思われます。

そうした活動として、女性の社会進出への応援（2020年までに女性の役員と管理職の割合をそれぞれ30％、40％に引き上げる）、税引前利益の1％を慈善福祉団体に寄付、児童虐待防止活動のための義捐金集め、社員の公正な賃金と機会の平等、十分な給与水準の保証と能力開発支援、二酸化炭素（CO_2）排出の低減、などが挙げられています。

2015年半ばの顧客数は76.5万軒（その約90％は電気とガスのセット契約）まで増加しましたが、まだまだ顧客数300万軒以上を誇るビッグ6とは歴然たる差があります。安売りと社会貢献に基づく好感度作戦によって同社の快進撃がどこまで続くのか今後の動向が注目されます。

［出所］ファースト・ユーティリティー　プレスリリース

図7-3　「イギリスは34億ポンドも電気料金を払い過ぎている」と、ビッグ６との料金格差を誇示するファースト・ユーティリティー

3 米国

米国の自由化州に拠点を置いていた電力会社は、電力自由化と発送電分離により、電力会社の形態を大きく変えています。元の電力会社から分社化した発電会社や小売会社の中には、事業地域を他州へ拡大する戦略を取る会社もあれば、競争を選択せず、発電所を売却して送配電事業専業に移行する会社も出現しました。

3-1 M&Aで大きくなるエクセロン、NRG

イリノイ州の大手配電会社コムエド（コモンウェルス・エジソン：Commonwealth Edison）は、電力・ガス大手のエクセロン（Exelon）傘下にあります。

親会社であるエクセロンは、M&Aによって様々な電力会社を買収し、事業を拡大させてきました。現在、自由化州の規制部門ではコムエドに加え、ペンシルベニア州のPECO、メリーランド州のボルチモア・ガス・アンド・エレクトリック（BG&E）という2つの配電会社を運営する一方、競争部門では発電会社のエクセロン・ジェネレーション（Exelon Generation）や小売会社のコンステレーション・エナジー（Constellation Energy）が、カリフォルニア州やテキサス州など全米各地で事業を展開するという体制をとっています。

コムエドについては、エクセロン誕生前に保有していた発電設備を、同じ系列のエクセロン・ジェネレーションに移管し、規制部門である送配電事業のみを行う形態をとっています。

一方、米国最大の独立系発電事業者（IPP）のNRGは、テキサ

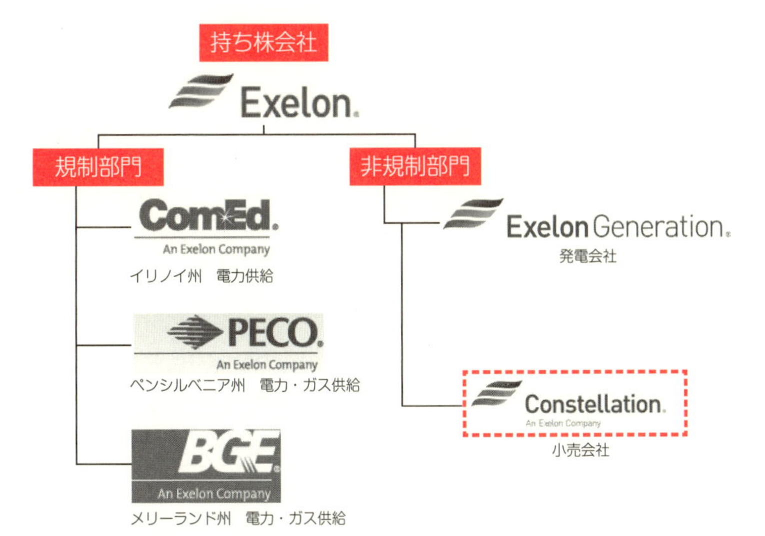

［出所］海外電力調査会作成（ロゴは各社ホームページより引用）

図7-4　エクセロンの事業体制

【発電事業】
テキサス州（1,100万kW）、北東部（2,000万kW）をはじめ米国全体で約4,600万kWの発電容量を誇る米国最大のIPP

【小売事業】「マルチ・ブランド戦略」ブランドごとの需要家獲得と経営資源の共有による効率化

主力ブランド

ブランド	概要
reliant. an NRG company	テキサス州のみ。ヒューストン地区を中心にテキサス州で強力なブランド力 スマートグリッド技術を利用したサービス（時間帯別プラン等）を積極的に実施
ENERGY PLUS	テキサス州、北東部（一部除く） 安価な料金プランと多様なリワード・プログラムに定評
Green Mountain Energy	テキサス州、北東部（一部除く）。再生可能エネルギー100%電力の販売に特化 EV所有者向けの料金プランを提供する等、徹底した環境配慮戦略
nrg. Home	北東部における家庭用販売先のための新ブランド 他ブランドの戦略（料金プラン、リワードなど）を取り入れたサービス提供 料金固定期間や再生可能エネルギー割合をカスタマイズできるプランを提供
cirro ENERGY	テキサス州のみ 安価な料金プランや充実したサービスに定評（多様な支払方法など）

［出所］海外電力調査会作成（ロゴは各社ホームページより引用）

図7-5　NRGのマルチブランド戦略

ス州を中心に、リライアント（Reliant）、エナジー・プラス（Energy Plus）、グリーン・マウンテン・エナジー（Green Mountain Energy）、NRGホーム（NRG Home）、Cirroエナジー（Cirro Energy）などの小売会社を保有し、それぞれのブランドで特徴のある料金メニューやサービスを提供しています。同じくテキサスを拠点とするダイレクト・エナジー（Direct Energy）も、同様の戦略を取っています。

というのも、テキサス州では自由化後の激しい競争を勝ち抜くために、小売会社を次々と買収し、強力な販売基盤を作る戦略がとられているからです。

3-2 規制州から自由化州に進出する会社も

一方で規制州に拠点を置く電力会社については、大部分が州内での発電・送配電・小売事業に特化している会社ですが、自由化州での発電事業に進出している例もあります。

フロリダ州に拠点を置くネクストエラ・エナジー（NextEra Energy）は、子会社を通じて同州での発電・送配電・小売まで一貫した電力供給事業を行いつつ、発電事業として全米各地に1,000万kWを超える風力発電設備を保有しています。

また、事業規模の拡大などを目的に、規制州の電力会社同士で買収・合併が行われる例もあります。2011年に行われたデューク・エナジー（Duke Energy）とプログレス・エナジー（Progress Energy）の合併では、営業地域が一気に拡大し、米国内6州に710万軒の顧客を持つ、全米最大規模の電力会社（デューク・エナジー）が生まれています。

4 欧州電力会社の海外展開

日本では、小売全面自由化によって国内の電力市場が注目を集めていますが、将来的には人口が減少し、国内での電力需要も減少していく可能性があります。こうした事情から、海外での電力ビジネスに取り組む電力会社もあります。

これは海外の電力会社も同様ですが、米国と欧州では事情が異なります。米国の電力会社は、エンロン（Enron）の破綻をきっかけとした2000年代前半のエネルギー業界の信頼低下により、経営状況が悪化し、海外事業の縮小を進めてきました。一方欧州では、国同士が近いという地理的な条件もあり、電力会社は積極的に海外事業を行っています。ここではそんな欧州の電力会社を紹介します。

4-1 スペイン：イベルドローラの場合

スペインの大手エネルギー会社であるイベルドローラ（Iberdrola）は、M&Aによって事業を急拡大させてきた会社です。2007年に英国のスコティッシュ・パワー（Scottish Power）を、2008年に米国のエナジー・イースト（Energy East＝現アバン・グリッド：Avant Grid）を、2011年にブラジルのエレクトロ（Elektro）を買収し、2013年には、売上高330億ユーロ（約4.3兆円）の欧州第6位のエネルギー事業者に成長しました。

イベルドローラの特徴は、石炭や天然ガスを使った火力発電所よりも再生可能エネルギーによる発電設備を多く保有している点にあり、再エネ事業を中心として積極的な海外進出を図っています。2000年代には主として中南米を対象としていましたが、今や進出国は米国を含め60カ国を数えており、売上比率では半分以上を海外事業が占めています。

イベルドローラの海外事業は、現地の電力・ガス会社を買収して小売を行ったり、再エネやガス火力などの発電所を建設して小売会社などに卸売をしたり、また国際連系線（国をまたがる送電線）の建設を進めたりするなど、発電、送配電、小売まで幅広く行われています。地域としては、英国や中南米（ブラジル・メキシコ）、米国を成長の柱としてとらえ、再エネ事業を中心に、積極的な投資を行っています。

4-2 フランス：EDFの場合

フランス電力会社（EDF）は、国が株式を保有する会社で、電力小売全面自由化が実施されても、多くの顧客が同社と契約し続けています。この安定した基盤のもとで、EDFは海外事業に取り組んできました。特に英国やイタリアで強い営業基盤を築きあげています。

英国ではビッグ6のひとつである子会社のEDFエナジー（EDF Energy）が発電と小売事業を実施しています。またイタリアでは、同国の電気事業で国内2位、ガス事業で3位のエディソン（Edison）を子会社とし、発電、小売、ガス事業を行っています。このほか、米国やメキシコに再エネ発電設備を抱えるほか、原子力発電の強みを生かして中国などでの原子力建設も進めています。

自由子の７章メモ

小売自由化後の電力会社の戦略は？

- ドイツは全面自由化直後にイメージカラー戦争が起き、イエロー・シュトロームは上位10位に入るまでに成長。
- ドイツ大手電力の発電事業は採算が悪化し、再エネ主軸への転換を図っている。
- 英国は寡占のビッグ6の価格戦略が似通ってきた一方で、風雲児が登場し独立系がシェアを伸ばしつつある。
- 米国ではM&Aが進む一方、規制州の電力会社が自由化州に進出するケースも。
- 欧州の電力会社は強みを生かした海外展開も図っている。

ボクは
グリーン電力が
好きだけどね

第8章

海外にみる小売自由化の成果と課題

電力自由化を考えてみよう

本書では世界の電気料金メニューやサービス、自由化で生まれた問題点などの事例を見てきました。たくさんの事例が示すように、地域独占、価格規制の下で営まれてきた電気事業を、自由市場に委ねようという試みは、壮大な実験です。

これからは、私たちの家庭もその実験に携わっていくことになりますが、先行する諸外国においてもまだ実験の途中であり、現時点でその実験の結論は出ていません。従って、今断定できることは必ずしも多くありませんが、本書の最後に、電力自由化のこれまでの成果や課題などについて、諸外国の経験も踏まえつつ、考えてみたいと思います。

◉課題も多い電力自由化

簡単におさらいすると日本の電力小売自由化は2000年にスタートし、工場などの大量に電気を使う消費者から、次第に規模の小さい消費者へと、段階的に対象を拡大していきました。その後、2011年3月の東日本大震災を契機として、政府が電気事業の抜本的な改革（電力システム改革）に乗り出しました。この改革の一環として、一般家庭も対象にした電力小売の全面自由化が開始されることとなったわけです。

ところで、電力システム改革の目的として、政府は①電力の安定供給の確保、②電気料金の最大限の抑制、③電気利用の選択肢や企業の事業機会の拡大――の3つを挙げています。では、これらの目的に対し、電力自由化はどのような影響を及ぼすのでしょうか。

まず、電力の安定供給について考えてみましょう。自由化によってただちに停電が増えるような事態は想定しにくいのですが、将来にわたって継続的に十分な電気の供給力を確保していく上では、課題もあります。これまでは、地域独占を認められた電力会社に対して必要な電力を確保することが義務付けられていました。しかし、自由化後において、発電所の改修や建設を行う判断は、需要を満たせるかというよりも、利益が出るかどうかが基準になります。そうすると、電気をたくさん使うピーク時間帯のみ必要な発電設備、逆に言えば、それ以外の時間帯には稼働しない、つまりは採算性の低い設備への投資は手控えられるようになります。自由化された電力市場では、刻々と変わる電気の需要を満たすだけの供給力が常に確保される保証はなく、こうした問題への取り組みは、諸外国でもまだ試行錯誤している段階です。

電気料金については、すでに第5章でも述べたように、自由化によって必ずしもその水準が下がるとは限らない、というのが諸外国の経験からも言えることです。もっとも、日本の電力システム改革の目的でも、「最大限の抑制」という表現が使われているように、無条件に電気料金水準が下がることは想定されていません。発電に用いられる燃料価格の動向や、再生可能エネルギーをはじめとする気候変動対策コストの増大などによって、電気料金水準は大きく影響を受けます。そうした中で、自由化によって競争が進み、電力会社の創意工夫や経営努力を引き出すことで、電気料金水準を最大限抑制しようというのが、原則的な考え方とされています。

一方、電気料金メニューやサービスの拡大については、まさに本書の各章で、諸外国の例を通して見てきた通りです。消費者には、グリーン電力料金などを含む様々な料金メニューが提示され、企業側には、通信業界など他業種からの新規参入といった動きも見られます。日本でも、自由化によって、消費者の選択肢や、企業の事業機会が拡大することが期待されています。

◉積極的な消費者になろう

これまで、私たち一般家庭の消費者は、地域の電力会社から電気の供給を受け、決められた電気料金を支払ってきました。その意味で、みなさんの多くは、こと電力に関する限り、受け身であったのではないでしょうか。しかし、今後はそうした状況が少しずつ変わってくるかもしれません。

電力小売全面自由化によって、消費者は電力会社を選択できるようになります。また、電力会社は消費者に選択してもらうため、創意工夫を凝らした多様な料金メニューをもってそれに応えるでしょう。こうした変化によって、私たちは受け身の消費者から、自らの責任をもって選択を行う、より積極的な消費者へと変わっていく必要があるでしょう。

また、先にも触れましたように、これまでは、電力会社が消費者の需要に合わせて必要な電力を確保しなければならないという、一方向の仕組みでした。これまでも家庭用の太陽光の電気を電力会社に売ることはありましたが、これからはさらに進んで、本書で紹介した「デマンドレスポンス」のような仕組みを通じ、消費者が供給力の状況に合わせて需要を変化させるような状況が生まれるかもしれません。

そのために電力需要のピーク時間帯の電気料金を高く設定する

料金メニューの開発や、スマートメーターのようにきめ細かな電力消費量の見える化を可能にする技術の開発、普及が進められているのも、本書で紹介した通りです。技術革新という観点からは、住宅用エネルギー管理システムや、家庭用蓄電池なども、今後、開発・製造コストがより実用的な水準まで下がることになれば、消費者の積極性も高まるでしょう。

小売自由化で先行してきた欧州では、欧州委員会が、欧州連合（EU）域内の電力自由化市場の整備やルール作りを進めてきました。その欧州委員会が近年、盛んに「消費者を中心とした電力市場の構築が必要」とのメッセージを発しています。そこには、消費者の能動的な働きかけを引き出すような市場設計が、電気事業全体のコスト抑制につながるという期待が込められています。自由化市場で私たち消費者の行動が担っている役割は、決して小さくないのです。

自由子の8章メモ

電力自由化のまとめ

・電力自由化には課題もたくさん。

・今後は、電力供給に合わせて需要を変化させるなど、消費者にも積極性が求められていくようになるかも。

・小売全面自由化によって、消費者の担う役割はこれまでより大きくなる。

積極的に行動すれば、
大きなメリットが
あるかもしれないね

付録

電力小売自由化
インフォメーション

1 米国の電力小売自由化の概要

○電力市場自由化の経緯

米国における電力市場の自由化は、比較的早い時期から進められた。米国では卸電力市場は連邦政府、電力小売市場は州政府の規制下に置かれており、1990年代に入って卸電力市場が自由化されたのに続き、1990年代後半には小売市場の自由化も進められた。

卸電力市場の自由化は、すでに1970年代後半から部分的に実施されてはいたが、本格化したのは1992年のエネルギー政策法の制定以降である。同法によって独立系発電事業者（IPP）への制約が解かれ、全米大で卸電力市場が自由化された。さらに1996年には、電力会社に送電線の開放が義務付けられるとともに、「独立系統運用者」（ISO）の設立が推奨された。また、1999年には、卸電力市場でのさらなる競争促進のため、「地域送電機関」（RTO）の設立も推奨された。ISOおよびRTOともほぼ同じ機能の広域的な送電系統の運用を行う機関であるが、RTOのほうがカバーする地理的範囲が広い。

表1　米国の電力市場規模

小売全面自由化開始	人口（2013年）	面積	販売電力量	電力会社数	需要家数
1998年～（CA, MS州など）	3億1,650万人	983万km^2	3兆6,918億kWh	3,200社以上	1億4,623万軒
テキサス州					
2002年	2,645万人	70万km^2	3,788億kWh	小売111社	1,511万軒
カリフォルニア州					
2001年に中断	3,804万人	42万km^2	2,615億kWh	小売68社	1,142万軒

［出所］海外電力調査会作成

一方、州規制下にある小売市場は、1998年にカリフォルニア州、マサチューセッツ州など電気料金水準の高い州を先発として自由化が開始された。

しかし、2000～2001年に、自由化されたカリフォルニア州で電力危機が発生し、地元の電力会社が破産申請したことから、同州では小売自由化を中断するに至った。また、当時、電力取引で一世を風靡していたエンロンが、不正経理の発覚で経営破綻する事件も発生した。

こうした状況を受け、その後、米国での小売自由化の機運は大きく後退することとなった。2002年に小売市場の全面自由化を開始したテキサス州以後、新たに小売自由化を実施した州はない。2016年1月現在、全米50州のうち、小売の全面自由化を実施している州は13州およびワシントンD.C.に限定される。また、大口需要家に限定した部分自由化は6州にとどまっている。

○電力供給体制

米国には現在3,200社以上の電気事業者が存在する。これら事業者は、所有形態により私営、連邦営、地方公営、協同組合営事業者に分類される。

中心は私営事業者であり、数は200社と少ないが、全米の販売電力量の約6割を供給している。これらの私営事業者は、伝統的に発電、送電、配電、

表2　日本の電力市場規模（参考）

小売全面自由化開始	人口（2013年）	面積	販売電力量（2015年末）	電力会社数（2015年末）	需要家数（2015年末）
2016年4月	1億2,734万人	38万km^2	8,230億kWh	登録119社 申請229社	8,513万軒
関東					
	約4,120万人	3万9,542km^2	2,570億kWh		2,922万軒

＊面積・販売電力量・需要家数は東京電力のデータ

関西					
	約2,255万人	2万8,704km^2	1,345億kWh		1,364万軒

＊面積・販売電力量・需要家数は関西電力のデータ

［出所］電気事業便覧（平成27年版）、経済産業省資料をもとに海外電力調査会作成

小売供給サービスを地域独占体制により一貫運営してきたが、前述の1990年代の電力自由化の進展に伴い、それぞれの部門を分社化したり、発電部門を売却して送配電事業に特化したり、関係会社を通して従来の供給区域外の地域に進出する事業者も出現している。

連邦営事業者は9社あり、水力発電開発と発電電力の卸販売を主な事業としている。テネシー渓谷開発公社やボンネビル電力局などが知られている。

地方公営事業者は2,000社程度あり、州または地方自治体が所有している。主に配電事業に従事しており、規模の小さな事業者が大半を占めている。ただし、中にはサクラメント電力公社やロサンゼルス水道電気局など、発送配電を一貫して行う大規模事業者も存在する。

協同組合営事業者は900社近くあり、需要密度の低い農村部の住民やコミュニティーが組合員となって設立された事業者で、主に組合員向けに電力供給を行っている。大部分が配電専業である。

このほか、IPPやパワー・マーケター（小売事業者）なども電力事業に携わっており、これら事業者を米国では「非電気事業者」と呼んでいる。

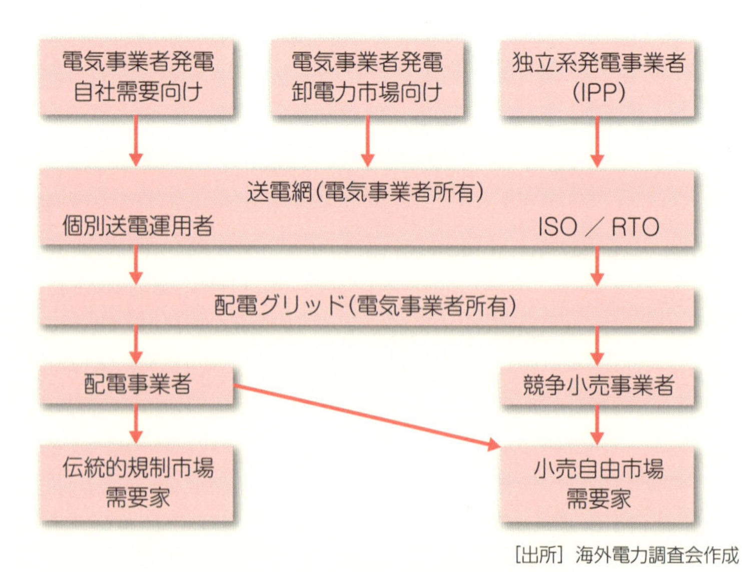

［出所］海外電力調査会作成

図1　米国の電力供給体制（自由化州の場合）

また、部門別でみると、発電には、自社需要家向けの電気事業者による発電と卸電力市場向けの電気事業者による発電、それと電気事業者以外のIPPによる発電に大別される。IPPによって発電された電力は、相対契約により小売事業者などに直接販売されたり、電力取引市場に販売されたりする。

送電部門は発電部門と機能分離され、送電線利用はIPPなど第三者に開放されている。送配電部門の設備は、原則的に電気事業者の所有であるが、送電線の運用は、広域系統運用機関（ISO／RTO）が設立されている地域では、それらISO／RTOが参加電気事業者の送電線を運用している。その他の地域では送電線を所有する電気事業者が自ら運用している。

小売事業については、自由化されていない州では、従来通り、地元電気事業者による独占供給が続いている。自由化されている州では、原則として競争市場に参入した小売事業者が小売事業を担うが、小売事業者を選択せず既存の配電事業者にとどまる需要家に対しては配電事業者が小売供給している。

○卸電力市場の動向

米国の卸電力市場は、前述のように自由化されているが、地域によって2種類の市場構造に大別される。

ひとつは、電力取引が供給事業者間で直接交渉され、組織化されていない個々の送電線所有者を通して給電計画が策定されている、相対取引をベースとする伝統的な市場である。南東部、南西部、西部山間部、北西部などの地域で主流となっている。

もうひとつは、ISO、RTOといった広域系統運用機関が、広域にわたりすべての送電設備を運用している市場で、ISO／RTOは組織的取引市場も合わせ運営している。北東部、中部大西洋地域、中西部、テキサス州、カリフォルニア州などの地域で主流である。

現在までに7つのISO／RTOが設立され、それぞれ組織的な電力取引市場を運営している。ISO／RTO市場の中で取引量の最も多いPJM市場（北東部地域のRTO、全量プール制）の場合、2014年におけるスポット市場取引の割合は約27%であった。そのほか相対契約が11%、自社供給が63%であった。

米国の電力の約3分の2はこれらISO／RTOのカバーする地域で消費されている。

○小売市場の動向

前述の通り米国では、1990年代後半から、カリフォルニア州や北東部諸州など電気料金水準の比較的高い州を中心に電力小売市場の自由化が開始された。

市場設計は州によって異なるが、大部分の自由化州では自由化開始から一定期間、既存電力会社（配電会社）の家庭用料金が凍結された。電気料金が凍結されたことで、既存の電力会社にとどまる需要家は卸電力価格の変動による影響を受けなかった。加えて、家庭用市場に参入する小売事業者の数も限定的であったことから、小売事業者を変更する需要家は少数派であった。

しかし、2000年代半ばから電気料金の凍結が解除されるようになると、既存の電力会社の電気料金は、市場価格に基づき決定され、卸電力価格の変動が反映されるようになった。そのため、新規参入した小売事業者の競争力が相対的に高まり、これら小売事業者のシェアは徐々に増大に転じた。

特にテキサス州では、自由化に際して既存の電力会社の発電、送配電、小売を分社化するなど、当初から様々な競争促進策が講じられた。また、2007年以降は料金規制が撤廃されたこともあって、家庭用市場での既存事業者以外の小売事業者のシェアは、他の自由化州に比べ高めとなっている。

自由化州全体で見ると、2014年の家庭用自由化市場における新規参入の小売事業者のシェアは、テキサス州が64%と最も大きく、次いでイリノイ州60.7%、オハイオ州53.7%となっている。イリノイ州やオハイオ州では地方自治体単位の需要集約制度であるコミュニティー・チョイス・アグリゲーション（CCA）が採用されており、新規参入の小売事業者のシェアを押し上げる大きな要因になっている。

なお、2014年における家庭用電気料金の全米平均は、12.5セント／kWh（16.2円。1ドル130円で換算）となっている。ちなみに全米50州で最高はハワイ州の37.34セント（48.5円）／kWh、最低はワシントン州の8.71セント（11.3円）／kWhであった。

○弱者保護対策

米国での電力を含めたエネルギー関連の低所得者支援策としては、連邦政府レベルではエネルギー費用の支払いが困難な低所得家庭を資金的に支援する「低所得家庭エネルギー支援プログラム」（保健福祉省所管）、および低所得家庭の住宅のエネルギー効率を改善することによってエネルギー支出を抑制することを目的とした「住宅耐候化プログラム」（エネルギー省所管）の2つに大別される。

これら連邦支援策の資金は、歳出予算として連邦議会の議決を経た後、各州の低所得家庭数、気候条件、低所得家庭のエネルギー支出などに基づき各州への配分額が算定され、交付される。これらの交付金は、州規制当局によって運営管理され、地域の社会福祉機関などを通して支援を必要とする低所得家庭に配分される。

低所得家庭のエネルギー支援は、元来冬季の暖房費支援を主目的としており、従って寒冷地域の州に優先的に資金が配分される傾向にある。

各州は、これらの連邦資金に基づく支援プログラムのほか、州独自の資金に基づきこれらプログラムを補強したり、独自の支援プログラムを実施したりしている。

電力小売自由化を実施している州の中には、州法に基づき電気料金の一部として公益目的のための基金を需要家から徴収し、その一部を低所得者のエネルギー支援に充当している州もある。

地域レベルでは、主として郡単位で組織されている地域社会福祉機関やその他非営利機関が州規制当局との契約に基づき、支援プログラムを受ける家庭の資格審査を含め、連邦、州、その他からの資金を域内の有資格家庭に最終的に配分する役割を果たしている。

料金未払いによる供給停止については、需要家と事業者による支払交渉や支援プログラムの適用によって極力回避する方針が取られている。例えばテキサス州では、熱波注意報が発令されている時、前日の気温が氷点下と寒さが厳しい時、あるいは家族に重大な病人がいる場合、供給停止は実施されない。また医師が健康障害と認定すれば、供給停止は一定期間延期されることになるが、需要家は料金支払計画を事業者との間で締結しなければならない。

○需要家に対する供給義務

小売の自由化が実施されている州では、小売事業者を選択する権利を行使せず、既存電気事業者にとどまる需要家向けの小売供給は、大部分の自由化州で配電事業者が供給義務を負っている。

唯一の例外はテキサス州で、2002年の自由化開始から2006年までの期間、小売事業者選択の権利を行使しない需要家向けの供給は、既存電力会社から分社化した小売事業者が供給義務を負っていた。ただし、2007年以降はそうした義務がなくなり、既存電力系小売会社の電気料金も自由料金となっている。ただし、何らかの理由で供給を受けられなくなった需要家向けの最終供給保障（ラストリゾート）サービスは、各配電供給区域、需要家種別ごとに州規制当局により提供事業者が指定されている。

2　英国の電力小売自由化の概要

○電力市場自由化の経緯

英国は欧州の中でもいち早く電力自由化を行った国である。1980年代のサッチャー政権下で、「小さな政府」を目指す行政改革が実施され、その一環で電気事業においても、国有企業の民営化や電力市場の自由化が行われることとなった。

1990年には、1989年電気法に基づき、国有電気事業者の分割・民営化、卸電力市場の全面自由化とともに、小売市場の段階的自由化（契約電力1,000kW超の大口需要家を対象）が実施された。小売市場の自由化は、1994年には100kW超の需要家、さらに1999年には家庭用需要家にまで対象が拡大され、全面自由化が完了した。

○電力供給体制

英国では従来、電気事業はすべて国有企業によって運営されてきた。また、イングランド・ウェールズ地方とスコットランド地方とで、それぞれ異なる事業者が存在し、電力供給が行われてきた。しかし、1990年に電力市場の自由化と併せて、これら国有電気事業者の分割・民営化が実施されることとなった。

イングランド・ウェールズ地方では、中央発電局（CEGB）が発電と送電を独占してきたが、発電会社3社と送電会社1社に分割された。ただし、原子力発電資産を引き受けた発電会社は国有のまま残された（後に民営化）。

表3　英国の電力市場規模

小売全面自由化開始	人口（2013年）	面積	販売電力量（2013年）	小売会社数（2015年）	需要家数（2013年）
1999年	6,390万人	24万km^2	3,067億kWh	156社	約2,800万軒

［出所］海外電力調査会作成

また、配電部門は従来、12の地域に地区配電局が設置され、配電と小売事業を独占的に行ってきたが、これら配電局はそのままの地域割りで民営の配電会社となった。

一方、スコットランド地方では、地域性の相違から、イングランド・ウェールズ地方とは異なる電気事業体制が発展してきた。同地方には従来、国有の発送配電一貫の電気事業者が2社存在していたが、1990年の民営化では、両社とも分割されず、そのままスコティッシュ・パワー（Scottish Power）、スコティッシュ・ハイドロ・エレクトリック（SHE: Scottish Hydro Electric）として存続することとなった。

また、民営化と自由化による競争進展に伴い、M&Aが活発化し、民営化で誕生した英国の大手発電会社はドイツ、フランス、スペインの大手電力会社に買収されることとなった。このうち、CEGBから分割されたイノジー（Innogy）、パワジェン（Powergen）はそれぞれドイツのRWE、E.ONに、また、スコティッシュ・パワーはスペインのイベルドローラ（Ibeldrola）に、さらに、原子力発電会社のブリティッシュ・エナジー（British Energy）はフランスのEDFにそれぞれ買収された。

12の配電会社（小売事業）も、その多くがこれら大手電力会社の傘下に入った。

その結果、英国の旧国有電気事業者（送電部門を除く）は、RWE系、E.ON系（ドイツ）、EDF系（フランス）、SSE系（英国）、イベルドローラ系（スペイン）の5大グループに集約された。この5社に電力市場でシェアを伸ばしている旧国有ガス事業者のブリティッシュ・ガス（British Gas）が加わり、現在、英国の電力市場は6大グループ（ビッグ6）に集約されている。6社によるシェアは卸電力市場で74%（2012年）、家庭用で87%（2015年7月）と高い。

なお、英国では電力自由化に先立って、ガス市場も自由化されたことから、これらの大手電力会社はガス事業にも進出しており、電気とガス両方の販売を行っている。

送電部門については、前述のように、イングランド・ウェールズ地方では、CEGBから分割民営化（所有分離）され、送電会社が設立されたが、その後、ガスパイプライン会社と合併し、現在は送電とガスパイプライン事業を行うナショナル・グリッド（NGC、持ち株会社）となっている。ただし、送電設備は送電子会社のNGET（National Grid Electricity Transmission）の所有となっている。一方、スコットランド地方ではスコティッシュ・パワーの送電子会社のSPT（Scottish Power Transmission）、スコティッシュ・サザン・エナジー（Scottish Southern Energy: SHEとサザン・エレクトリックの合併により1998年に設立）の送電子会社SHET（Scottish Hydro Electric Transmission）が送電設備を所有している。

なお、これら3社の送電系統の運用は、NGETの系統運用部門が「単一系統運用者」（SO）として実施している。

配電部門については、イングランド・ウェールズおよびスコットランドを合わせて、地域ごとに14社あり、それぞれが管轄する地域で配電設備を所有・運用している。これらは前述のように、大半が大手発電会社の傘下に入っている。また、工業団地などの特定のエリアにおける配電事業者が

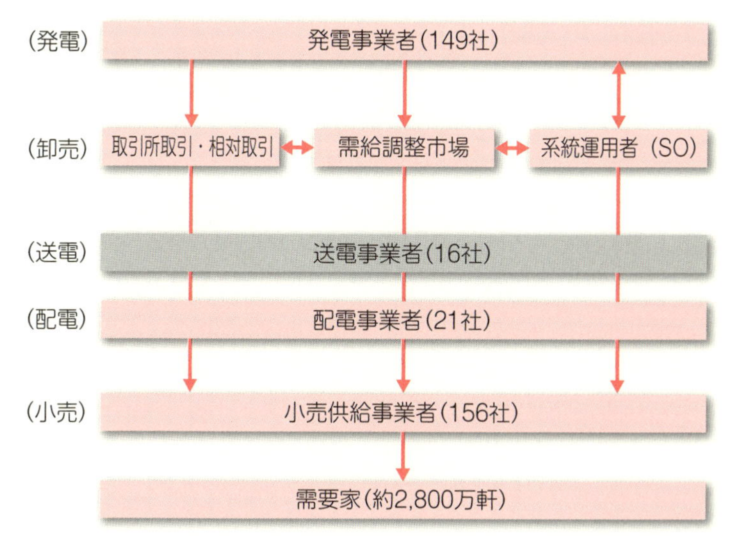

※事業者数はライセンス保有者の数であり、実際に事業を行っている事業者数と異なる

［出所］OFGEM

図2　英国の電力供給体制

７社存在する。

図2に英国の供給体制を示す。発電事業者および小売事業者の数が非常に多いが、これらの事業者数は、規制機関であるガス・電力市場局（OFGEM）から事業ライセンスの発給を受けた事業者の総数であり、実際に事業を行っている事業者数は表記の半分程度である。

○卸電力市場の動向

1990年の電力民営化・自由化に際して、イングランド・ウェールズ地域では、「プール」と呼ばれる卸電力取引制度が創設された。プールは、全ての発電電力を強制的に市場で売買させる制度である。このプール制度によって、独立系発電事業所（IPP）の相次ぐ参入や非効率プラントの廃止により市場は活性化する一方、制度の不備により、大手事業者による市場支配力の行使などの問題が発生した。

そのため、プール制度は2001年３月に廃止され、代わって相対取引を中心とする「新卸電力取引制度」（NETA）と呼ばれる制度が導入された。さらに2005年にはイングランド・ウェールズ地方の市場と、それまで独自の電気事業体制で発展してきたスコットランドの市場が統合され、グレートブリテン大の「卸電力取引制度」（BETTA）が導入された。

また、これら相対取引を中心とした卸制度と並行して、取引所も複数、設立された。2015年現在、英国にはスポット取引所として、APX Power UKおよびN２EXの2カ所が存在する。これら取引所による取引量シェア（総発電電力量に占める）は、2010年までは一貫して数%程度の低い水準で推移していた。しかし、規制当局による卸電力市場活性化策を受け、取引量はこの数年で大幅に増加し、2013年には、2取引所の取引量合計は総発電電力量の50%程度にまで拡大している。

なお、北アイルランドでは2007年、国境を越えてアイルランドとの統合市場（SEM）が開始した。

○小売市場の動向

前述のように、英国の小売市場は1999年に全面自由化され、現在、家庭用を含めたすべての需要家が電力の購入先を自由に選択できるようになっている。

小売事業者は、価格の割引競争のほか、ガスと電力のセット供給、オンライン契約、固定型契約など、様々なメニューを用意し、需要家獲得競争を展開している。

この結果、全ての産業用需要家は小売事業者の変更や契約の見直しを行っており、家庭用需要家も、半数以上が小売事業者を変更している（一度でも小売事業者を変更した需要家の数。2013年時点で60%程度に上る）。

このような需要家獲得競争の激化により、近年これまで大手6社を合わせて約99%であった小売市場シェアが大手6社以外の独立系事業者に次第に流れてきており、2015年7月には、独立系事業者が獲得した家庭用小売市場シェアは13%に上った（英国の家庭用需要家の総数は約2,800万軒）。独立系事業者の多くは、標準的な世帯におけるガス・電気のセット契約（デュアルフュエル契約と呼ぶ）でビッグ6を下回る料金を提示している。

電気・ガスの小売料金は、自由化開始後、産業用など大口料金を中心にある程度低下した。しかし、2003年以降、世界的なエネルギー価格の高騰や国産ガス（北海ガス）の生産量の減少などを背景に上昇し、2014年の電気およびガス料金は2005年比で2倍程度まで上昇している。すなわち、家庭用電気料金単価は米ドル換算で2005年の13.0セント（16.9円／kWh：1ドル＝130円）から2014年には25.6セント（33.3円）／kWhに上昇している。そのため、近年、英国は欧州諸国の中で電気料金が高い国のひとつとなっている。

ビッグ6の料金値上げは毎年の恒例となっており、国民生活を圧迫しているとして、しばしばメディアから批判を受けている。こうした状況から、規制当局は小売事業者ライセンスの規定見直しに際して、需要家が料金比較を容易に行えるよう料金メニュー数を制限したり、最も安価な料金オプションを、請求書など事業者からの各種発信情報に記載することを義務付けるなどの措置を講じ、料金の抑制に努めている。

○弱者保護対策

小売料金の上昇傾向が強まる中、冬季に十分な暖房を確保することができない世帯（「エネルギー貧困世帯」と呼ぶ。家計に占めるエネルギー支出の割合が10%超）が急増し、その数は2004年の200万世帯から2012年には450万世帯に達している。エネルギー貧困層の多くは高齢者世帯、ひとり親世帯、身体障害者などのいわゆる社会的弱者層である。

このため、政府は弱者対策の一環として、25万軒以上の需要家を持つ電気・ガス事業者に対して、低所得者層への料金割引制度の導入を義務付けている。

また、支払いが困難な需要家に対しては、分割払いや社会給付金（年金、生活保護金など）からの振替手続きや、需要家の同意の下でのプリペイド用のメーター設置の申し出を行うことが義務付けられている。これらの申し出を行わない限り、事業者は供給停止措置を取ることはできない。また、いかなる状況においても、特定世帯（高齢者世帯、子供を扶養する世帯など）への供給停止は禁止されている。

○需要家に対する供給義務

需要家への電力供給に関する規則は、小売事業者に発給される事業ライセンスに規定されている。商工業用需要家については、供給条件が小売事業者と需要家との間での個別交渉により設定される。そのため、規則の多くは家庭用需要家への供給に関するものであり、たとえば、家庭用については、すべての小売事業者に対して、料金表（供給約款）の公表義務と選択された場合の応諾義務が規定されている。

また、需要家が5万軒を超える小売事業者には、多様な支払方法を提供することが求められている。支払方法は、ダイレクト・デビット制（年間推定使用量を12等分して、毎月、定額を口座振替する制度。検針値との差額は翌年の口座振替額で調整）、請求書に基づく支払制（四半期、月間、隔週など）、プリペイド制（金額をチャージしたカードをメーターに挿入すると電力供給が受けられる）に大別され、後者2つの提供は義務付けられている。

また、当該の小売事業者がライセンスのはく奪や倒産などに陥った場合、すべての需要家を対象とした「ラストリゾート」（需要家が代わりの事業者によって供給を受けられる）という救済措置がライセンスに規定されている。

規制当局から、ラストリゾート提供者として指定された場合、その事業者は当該需要家に対して、妥当な価格で電力供給を継続することが求められる。このサービスの提供により、その事業者に損失が発生した場合、規制当局の指示の下、事業者は損失分を回収することができる。

3 ドイツの電力小売自由化の概要

○電力市場自由化の経緯

ドイツでは、欧州連合（EU）の方向性に従って電力自由化が実施された。従来、EUでは、各国あるいは各国の地域単位で、各電気事業者が独占的に電気の供給を行ってきた。しかし、1980年代後半から始まったEUの「市場統合」（すべての財・サービスについてEU大で単一の市場をつくる）の流れの中で、電力部門においてもEU全体で単一の市場をつくり、国や地域を超えた自由な電力の流通、取引を目指す「電力市場の自由化」が行われることとなった。

1990年代に入ると、まず英国や北欧諸国で自由化が始まり、続いて1996年には「EU電力自由化指令」が制定され、それまで自由化を実施していなかった国でも段階的な市場の開放が始まった。このEU電力自由化指令は2003年、2009年と2度にわたり改定されて、さらに自由化が推し進められ、2007年7月以降は、原則的にすべてのEU加盟国で、家庭用も含めたすべての需要家が、電力の購入先を自由に選択できる「全面自由化」が実施されることとなった。

この全面自由化の実施は、ドイツでは1998年とEU加盟国の中でも比較的早かった。他のEU諸国や日本では、産業用など電力消費の多い需要家から始めて、段階的に自由化の範囲が拡大される国が一般的であったのに対して、ドイツでは電力消費の規模に関係なく、家庭用を含めたすべての需要家を

表4　ドイツの電力市場規模

小売全面自由化開始	人口（2013年）	面積	販売電力量（2013年）	小売会社数（2013年）	需要家数（2015年）
1998年	8,065万人	36万km^2	4,650億kWh	1,000社以上	約4,000万軒

［出所］海外電力調査会作成

対象に一挙に全面自由化を実施した。

ドイツで自由化が早期に進められた背景としては、電力を大量に消費する鉄鋼や製薬会社などが、料金の安いフランスなど隣国から電気を自由に購入できるよう求めていたことが挙げられる。そのため、ドイツ政府は1980年代後半から自由化を検討していた。さらに、1996年に「EU電力自由化指令」が制定されるなど、EU全体での電力自由化が本格化したことが、ドイツが1998年という早い段階で全面自由化を実施することを後押しする形となった。

○電力供給体制

前述の電力自由化の進展に合わせて、電気事業の体制も大きく変化した。従来、ドイツには地域ごとに存在する8社の大手電力会社が、電気事業の中心的役割を担っていた（国内総発電電力量の9割以上を供給）。しかし、1998年からの自由化下での競争激化に備えて、これらの会社間で吸収合併が行われ、8社はエーオン（E.ON）、エル・ヴェー・エー（RWE）、エナギー・バーデン・ヴュルテンベルク（EnBW）、バッテンファル（Vattenfall）の4社に収斂（しゅうれん）された。これら4社の主な供給地域は、RWEがノルトライン・ヴェストファーレン州を中心とする西部地域、EnBWが南西部地域、バッテンファルが首都ベルリンを含む北部地域、E.ONが南部を中心とした残りの地域となっている。現在これら4社による発電シェアは約7割となっているが、ドイツにはこれら4社以外にも、地方自治体営など発電会社が約300社存在する。

また、自由化に伴い、これら大手4社はそれぞれ事業部門別に分離（アンバンドリング）された。従来、これらの会社は発電、送電、配電、小売のすべての事業部門を手掛けていたが、前述のEU電力自由化指令を受け、ドイツでも送電部門、配電部門がそれぞれ子会社化（法的分離）された。さらにその後、送電部門では、EnBWが送電子会社の株式を100%、RWEが75%売却した（所有権分離）。

一方、配電部門には888社と多数の会社が存在する。もともと、ドイツでは8大電力時代から、配電部門にはこれら大手電力系列の配電会社に加えて、多数の自治体営の配電会社が存在し、電力供給を行ってきたが、自由化後も大半が存続している状況にある。これはドイツでは、伝統的に電気、ガス、水道、熱供給などの公共サービスを提供する自治体が多数存在してきたことによるものである。

他方、発電・小売部門では全国に1,065社の電気事業者が存在する。このうち53社が卸事業のみ、895社が小売事業のみを実施しており、卸と小売の両方を行う事業者は4大電力会社を含めて117社にとどまる（2013年時点）。

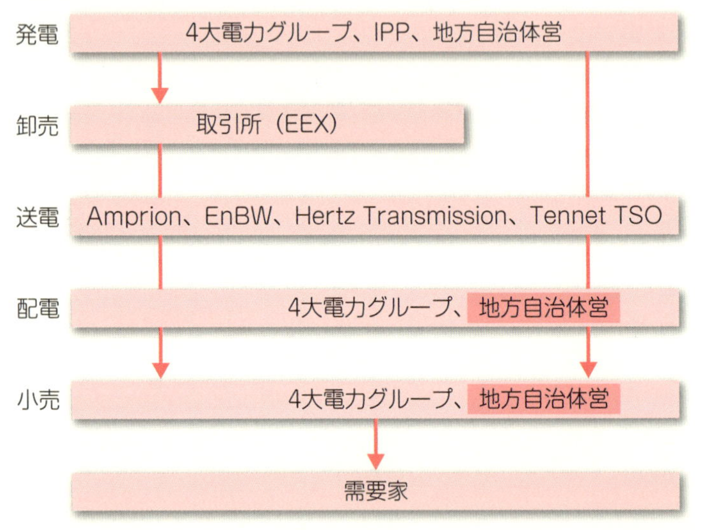

［出所］海外電力調査会作成

図3　ドイツの電力供給体制

○卸電力市場での動向

卸市場での電力の取引は、一般的に発電事業者と小売事業者あるいは大口需要家の間で行われる。基本的に市場参加者の間で直接、取引される相対取引と取引所を介して行われる取引所取引がある。

1998年の自由化直後はドイツには電力取引所が存在しなかったため、相対取引に限定されていたが、2000年になって、卸電力市場での取引を活性化するため、フランクフルトとドイツ東部のライプチヒに、それぞれ「欧州エネルギー取引所」（EEX）と「ライプチヒ電力取引所」（LPX）が設立された。しかし、ひとつの取引所では十分な取引量を確保できなかったため、両取引所は2002年に合併し、本社はライプチヒに置かれた。さらに、2008年にはフランスの電力取引所パワーネクスト（Powernext）と合併しEPEXとなり、スポット取引はパリに、先物取引はライプチヒに統合されることとなった。

この取引所での取引量は徐々に増加しており、2014年のドイツ・オーストリア向け1日前市場（電力が供給される1日前に取引を行う実物市場）での取引量は2,629億kWhと国内卸取引量の50%を超えている。

○小売市場の動向

一方、ドイツの小売市場では、前述のように、4大電力会社に加えて1,000社以上が活動しており、活発な競争が行われている。その結果、4大電力会社のシェアは2010年の54%から2013年には大口需要家で34%、一般家庭などの小口需要家で42%にまで低下している。また、事業者間の料金格差の拡大により、小売事業者を変更することにより節約できる電気料金の額も上昇しており、家庭用部門では約3割の需要家が小売事業者の変更を行っている。

電気料金は1998年の自由化後、家庭用・産業用ともに2割近く値下がりした。しかし、2000年に入ってからは再び上昇し、現在はEU加盟国の中でも高い水準となっている。一般的な家庭の年間消費電力量を3,500kWhとすると、2000年に1カ月平均41ユーロ（1ユーロ140円換算で5,740円）であった一般的な家庭の電気料金は、2014年には85ユーロ（1万1,900円）にまで上昇している。ドイツ電気・水道・エネルギー事業者連盟（BDEW）によると、このうち半分以上を占めるのは、風力、太陽光などの再生可能エネルギーへの補助金やその他の税金である。このため政府は、近年、再生可能エネルギーへの補助金を削減する策を講じ、電気料金の引き下げに努めている。

○弱者保護対策

ドイツには「ハルツⅣ（Hartz Ⅳ)」と呼ばれる社会扶助制度（日本の生活保護制度に相当）があり、低所得者層に対して衣食住の費用が支給され

付録

ている。電気代などの光熱費もこの制度でカバーされる費用に含まれている。2015年の「住宅・電気・住居維持費」の支給額は1軒当たり月額約33ユーロ（4,620円）であった。

しかし、昨今の電気料金の高騰により支給額は不十分であり、料金未払いによって供給停止になる事例が増加している。その一因として、ハルツⅣ受給者は電気料金の節約を目的とした電力会社の変更が難しいと指摘されている。これは、契約の締結時に支払い能力証明の提出を求められ、所得が少ない需要家は審査に通らないためである。

また、こうした社会的弱者を対象とした料金メニューも開発されている。たとえばE.ONは、チャリティー団体と共同で2008年から低所得者層を対象とした割引料金を提供している。このプランでは電気またはガスの基本料金が免除され、従量料金のみが徴収される。

○需要家に対する供給義務

ドイツでは、電力会社は基本的に需要家に対する供給義務を負わない。ただし、電力会社が倒産した場合は、各地域で最多の需要家を抱える小売事業者が、倒産した電力会社の顧客に対して供給を行うことになっている。この事業者のことを「基礎的供給事業者」と呼ぶ。また、需要家が供給事業者の変更を行わない場合にも、基礎的供給契約が自動的に適用される。家庭用を含む低圧需要家に対する基礎的供給契約は、供給約款の内容が政令で規定され、公表が義務付けられている。基礎的供給料金は多くの地域で最も高い料金水準となっており、近年、他の事業者が提供する安い料金との差が拡大している。

4 フランスの電力小売自由化の概要

○電力市場自由化の経緯

フランスは、欧州連合（EU）の中では電力自由化が遅れた国のひとつである。遅れた理由は、もともと、フランスは国有企業のフランス電力公社（EDF）が発電コストの安い原子力発電によって全国的に電力供給を行ってきており、電気料金がEU諸国の中で最も安い部類に入る国だったことがある。

しかし、そのフランスでも、EU全体の市場統合推進（単一市場形成）を目指す流れを受け、EU電力自由化指令に基づき自由化が行われることとなった。1999年2月から、大口産業用需要家約200社を対象とした自由化が開始されたのに続き、段階的に自由化対象の需要家の範囲が拡大され、2004年7月からは家庭用需要家を除く全ての産業用・業務用需要家が自由化対象に、さらに2007年7月以降は家庭用需要家を含むすべての需要家を対象にした全面自由化が実施されるに至った。

○電力供給体制

前述のように、電力市場自由化が開始される以前は、全国的に発電、送電、配電、供給を独占的に行うEDFが電気事業の中心であった。このEDFのほか、電気事業者としては約160社の地方配電会社が管轄地域ごとに独占的に需要家に電力販売を行っていた。これら地方配電会社は小規模な会社がほとんどであり、地方配電会社を全て足し合わせても国内の販売電力量の5%

表5　フランスの電力市場規模

小売全面自由化開始	人口(2013年)	面積	販売電力量(2013年)	小売会社数(2013年)	需要家数(2015年)
2007年	6,379万人	55万km^2	4,570億kWh	21社	約3,000万軒

［出所］海外電力調査会作成

付録

程度の規模であった。

しかし、前述のEUでの自由化指令は、自由化と同時に電力会社を部門別に事業分離することを求めており、フランスでは、EDFが送電事業部門と配電事業部門を本体から分離することとなった。2005年には送電子会社としてRTEを、また2008年には配電子会社としてeRDFをそれぞれ別会社とする事業分離が実施された。ただし、EDFの場合、ドイツ大手電力会社と異なり、送配電部門の別会社化は行われたものの、所有分離は行われず、EDFの子会社として現在もEDFグループ内にとどまっている（図4）。

なお、EDFはこれらの組織改編と並行して株式会社化され、公社から「フランス電力会社」となったが、同社は依然として株式の約85%を国が保有する国有企業であり、公開されている株式は15%程度にとどまる。

2016年1月現在、発電部門には、このEDFのほかに、新規参入者としてドイツE.ON、フランスEngie（旧GDFスエズ）などが存在する。また、配電部門にはeRDFのほか、前述のように公営の配電事業者が存在する。

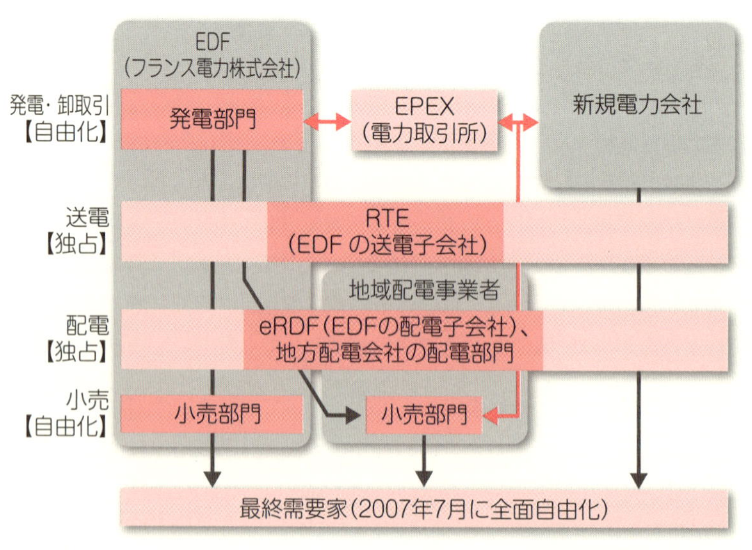

［出所］海外電力調査会作成

図4　フランスの電力供給体制（2015年）

○卸電力市場の動向

卸電力市場では、自由化後も依然としてEDFがフランス国内の発電電力量の約90%を占めている。このため、フランスでは、供給電力量のほとんどがEDFの発電所からEDFの需要家に一貫して供給される状態が続いており、取引のほとんどは、EDFの社内取引となっている。

一方、自由化で市場に新規参入した電力会社は、IPPから相対取引で電力を調達したり、自社で発電所を建設したりして電力調達を行っていることが一般的である。

2001年には、これら新規電力会社による電力調達手段を拡充する観点から、電力取引所が開設されたのに続いて、2008年には、このフランスの取引所とドイツの取引所が統合されEPEXが設立された。現在、EPEXはフランスで前日市場及び時間前市場を運営しており、国内供給電力量の10%程度がこの取引所を介した取引となっている。

また、フランスでは、原子力発電をベースとしたEDFの圧倒的な市場支配を緩和するため、原子力発電を切り出して、他の事業者に卸電力を提供する仕組みも導入されている。

○小売市場の動向

自由化後の小売市場においてもEDFが圧倒的な支配力を保持しており、国内需要家を対象とした販売電力量の約80%をEDFが供給している。

そのため、フランスでは全面自由化後も、需要家保護の観点から、EDFが自由料金に加えて、規制料金も需要家に提供することが義務付けられている。需要家は自身の判断でいずれかを選択できる。

自由料金と規制料金のいずれがより安いかは、主に化石燃料価格による。EDFの規制料金は原子力発電のコストをベースにしているため、安価で比較的水準が安定している。2000年代初頭は化石燃料価格が割安となったため、自由料金が規制料金よりも安価となり、多くの大口産業用需要家がEDFから新規電力会社に乗り換えた。しかし、2000年代半ばからは逆に化石燃料価格が高騰し、自由料金が規制料金を上回る状況となった。

家庭用需要家については、2007年から全面自由化となり、自由に小売事業者を選択できることになった。しかし、新規電力会社の自由料金水準がEDFの規制料金を大幅に下回る水準ではないため、家庭用需要家のほとんどはEDFの規制料金を選択し続けている。その結果、2015年時点では、家庭用需要家の8%程度が新規電力会社の自由料金を選択しているにすぎない。ちなみに、フランスの家庭用料金はkWh当たり約16ユーロ・セント（約21円）で、EUで最も安い部類の水準となっている。

フランスで家庭用需要家向けに小売事業を行う電力会社としては、EDFや、小規模な地方配電会社（小売部門も抱えている）など既存の電力会社約160社のほか、新規電力会社が数社存在している。

なお、EDFの規制料金は2016年1月に産業用や商業用など大口需要家への適用は撤廃されたが、引き続き家庭用需要家には適用される。

○弱者保護対策

電気料金を支払うことができない経済的弱者の保護は、「社会参入最低所得法」という法律で定められており、エネルギー貧困者は地方自治体の支援を受ける権利を有すると規定されている。このため、EDFや地方自治体などの電気事業者および政府などが拠出する基金を活用して、エネルギー貧困者に支援が行われている。

そのほか、低所得者に限定した割引料金として、「必需品特別料金」という料金制度も設けられている。同制度は、世帯収入が一定基準を下回る需要家のうち、一定の条件を満たす者に対して、その家族構成に応じて電気料金を割り引く制度で、2005年に導入された。同料金制度では、家族構成が単身の場合は30%、2人の場合は40%、3人以上の場合は50%の料金割引が、基本料金および年間消費電力量1,200kWhまでを対象として適用される。

○需要家に対する供給義務

電力小売市場の自由化に伴い、既存電力会社は基本的に需要家に対する供給義務は負わない。ただし、家庭用需要家に対する電力供給や電力会社の倒産時における電力供給については規制を設けている。前述のように、規制料金は産業用・業務用が2016年から撤廃される一方、家庭用は今後も継続させることになっている。また、電力会社の倒産時における電力供給については、競争入札で決まった電力会社（ラストリゾート提供会社）が倒産した電力会社の需要家に電力供給を行うことになっている。

5 オーストラリアの電力小売自由化の概要

○電力市場自由化の経緯

オーストラリアでは、連邦制の下、従来、電気事業は各州の電力庁が発電、送電、配電、供給を一貫して独占的に行ってきた。しかし、エネルギー効率の低さや州電力庁の財政難といった問題を背景に、1990年代から連邦政府の主導で、垂直一貫体制の各州電力庁の民営化と部門別分割、州をまたいでのプール型の卸電力市場（NEM）の設立、および各州小売電力市場の自由化推進など、電気事業改革が実施された。

各州での小売市場の自由化は、1994年のビクトリア州を皮切りに、すべての州で段階的に自由化範囲が拡大され、2016年1月現在西オーストラリア州を除く7つの州・地域で全面自由化されている。また、ビクトリア州、南オーストラリア州、ニューサウスウェールズ州では小売の規制料金も撤廃されている。

○電力供給体制

オーストラリアの電力供給体制は、地理的に東部（ニューサウスウェールズ州、ビクトリア州、南オーストラリア州、クイーンズランド州、タスマニア州、オーストラリア首都特別区の計6地域）、西部（西オーストラリア州）、および北部（北部準州）の3つに分かれる。

東部は、従来、各州で電力庁による垂直一貫体制を取っていたが、前述のように、電気事業改革により、発電部門と小売部門が自由化されたのに

表6　オーストラリアの電力市場規模

小売全面自由化開始	人口（2013年）	面積	販売電力量（2013年）	小売会社数（2015年）	需要家数（2013年）
2002年～	2,314万人	769万km^2	1,969億kWh	27社	1,056万軒

［出所］海外電力調査会作成

加えて、州電力庁が株式会社化されるとともに、発電、送電、配電、小売部門ごとの子会社に分割された。これら子会社の民営化の度合いは州によって大きく異なる。最も民営化が進んでいるのはビクトリア州で、どの部門も民営化された。

一方、西部（西オーストラリア州）は、州都パースを含む主要系統の南西系統（SWIS）、北部の鉱山地域をカバーする北西系統（NWIS）、および系統に連系していない29地域の3つに大別される。西オーストラリア州でも、州電力庁が株式会社化され、州営のウェスタン・パワー（Western Power）となった後、さらに部門別に子会社化された。

他方、北部（北部準州）は、広大な土地に人口約20万人（全人口の約1%）が点在しており、依然として州電力水道庁が垂直一貫体制を維持している。

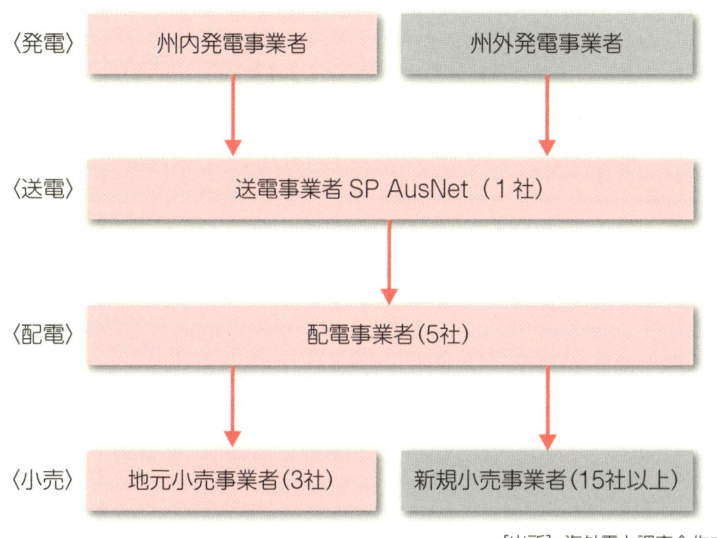

［出所］海外電力調査会作成

図5　電力供給体制（ビクトリア州）

○卸電力市場の動向

東部にはプール型の卸電力市場（NEM）が導入されており、西オーストラリア州（WA）及び北部準州（NT）以外の東部6地域が参加している。

NEMでは、管内の3万kW以上の発電事業者は、発電した電気をすべてNEMに入札することが義務付けられている。発電会社は市場管理・運営会社（AEMO）の給電計画の対象となり、AEMOの給電指令に従わなければならない。発電事業者は、翌日の発電電力量と価格を30分単位で入札し、メリットオーダー（コストの安い電源から優先的に活用すること）に従って給電指令が行われる。

この東部の需要家軒数は約900万軒で、最大電力は3,600万kWである。

なお、西部のSWISエリアには卸電力市場（WEM）が開設されている。西部の需要家軒数は約100万軒である。

○小売市場の動向

小売市場には、各州でそれぞれ20社程度の事業者が存在するが、AGL エナジー、オリジン・エナジー、エナジー・オーストラリアの大手３社が東部地域の市場シェアの76%を占めている。この3社はガス供給も行っており、ガス小売市場のシェアは85%に上る。

また、規制緩和に伴って部門別分割が行われたが、近年、発電事業者と小売事業者が再統合する方向にある。前述の大手小売3社は、新たに発電所を取得するなど、発電市場でもシェアを35%まで伸ばしている。一方、小売部門に新たに参入した事業者は、2007年以降すべて発電会社の子会社である。

家庭用需要家の小売事業者変更率は、2002年に全面自由化を実施したビクトリア州で31%（2013年度）である。

料金水準は、オーストラリアでは国産の割安な石炭を利用できることから、需要家は長らく低廉な電気料金を享受してきた。しかし、託送料金の上昇、卸電力市場での電源構成の変化、CO_2削減や再生可能エネルギー促進のための環境関連費用の増加などにより、2007年頃から急上昇している。2015年の全国の平均販売単価は25.9豪セント／kWh（約22.5円／kWh）である。

○弱者保護対策

小売部門は、州単位で自由化関連の法規制の整備が進められてきたため、州によって小規模需要家の定義、供給義務事業者の指定方法、規制料金の決定方法、弱者保護策などが異なっていた。

しかし、2011年、「全国エネルギー小売法」が成立し、同法に基づき、家庭用需要家に関する弱者保護策が規定されている。同法では、弱者世帯に対して、分割払いや年金から直接支払うなど、複数の支払方法を提示すること、延滞金や契約時に支払う保証金（オーストラリアの慣習では一定期間経過後に返金）を課してはならないこと、供給停止をしてはならないことなどが規定されている。

○需要家に対する供給義務

前述の「全国エネルギー小売法」で、小売事業者への供給義務が規定されている。同法によると、小売事業者は、家庭用需要家から「標準料金」での供給申し込みがあった場合、供給を拒否することができない。

また、需要家への最終供給保障（ラストリゾート）サービスも確保されており、そのサービスを提供する会社として、各州で地元の小売事業者が複数指定されている。現在、供給契約を結んでいる小売事業者が倒産した場合、需要家は居住する配電区域に応じて、地元の別の小売会社に振り分けられる。このラストリゾートを提供する小売事業者は、「標準料金」の設定が義務付けられている。標準料金は、料金水準についての規制はないが、法令により供給約款に記載すべき項目が定められている。

6 ニュージーランドの電力小売自由化の概要

○電力市場自由化の経緯

ニュージーランドは、先進諸国の中でも早い時期に小売自由化に踏み切った国のひとつであり、1994年から全面自由化されている。

同国では、従来、電力の卸売は発電と送電を独占的に行う国有のニュージーランド電力公社（ECNZ）が行う一方、小売は地方自治体営の配電会社が行ってきた。しかし、後述のように、これら電力会社の組織再編と並行して、1993年から小売自由化が段階的に実施された。1992年制定の電力法に基づき、1993年4月からは小口需要家（年間消費電力量50万kWh以下の需要家）、さらに1年後の1994年4月からは残りの大口需要家（小口需要家より年間消費電力量が多い需要家）を対象に自由化が実施された。

○電力供給体制

従来、ニュージーランドの電気事業は、発電・送電部門と配電・小売部門に分かれて行われていた。

発電・送電部門については、1980年代まで国のエネルギー省電力庁が行っていたが、行政改革の一環として、電力庁が廃止され、1987年にECNZが設立された。続いて1989年にはECNZの発電と送電が分離され、ECNZ本体は発電事業を、その子会社トランス・パワー（Trans Power）が送電事業を行うこととなった。その後1994年には、トランス・パワーはECNZから完全に独立した国有の送電会社となった。

表7　ニュージーランドの電力市場規模

小売全面自由化開始	人口（2013年）	面積	販売電力量（2014年）	小売会社数（2015年）	需要家数（2015年）
1994年	444万人	28万km^2	392億kWh	23社	206万軒

［出所］海外電力調査会作成

さらに1990年代には、発電部門の競争促進のため、国有ECNZの一部の発電事業が民営化されるとともに、残りの事業も3社の国有企業に分割された。その結果、現在発電部門は国有企業3社、民営化された元国有企業1社、および新規参入の1社による大手5社体制となっている。5社で90%以上のシェアを占める。

自由化後も、発電事業においては依然として国有企業中心の体制が続いているのは、同国が水力発電中心の電源構成となっていることが理由のひとつと考えられる。発電に占める各電源のシェアは、水力55%を筆頭に地熱15%、風力5%、バイオ燃料1%と再エネが75%を占める。残りがガス20%、石炭5%である。

一方、配電・小売部門は、1980年代まで地方自治体営の配電会社が電気を供給していた。しかし1992年電力法に基づき、小売自由化が1993～1994年に実施され、配電会社は配電子会社と小売子会社に分社化された。さらに1998年には小売部門の競争を促進するため、電気事業改革法が制定され、

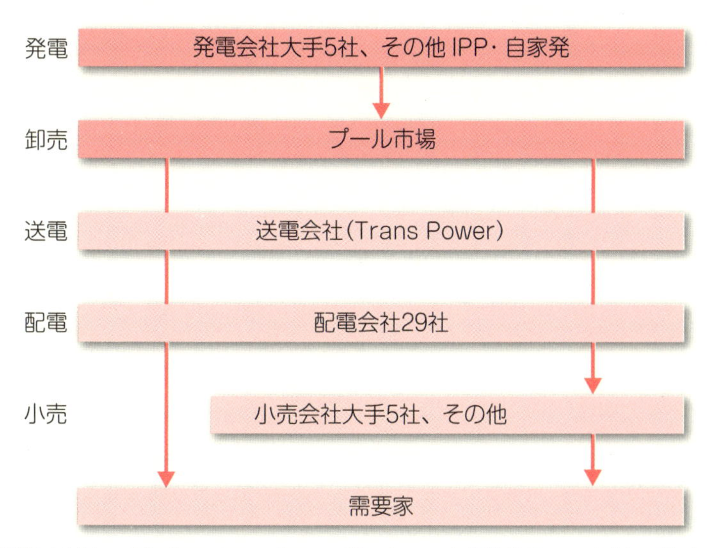

[出所] Ministry of Business, Innovation and Employment (2014) Energy in New Zealand 2014に一部加筆して海外電力調査会作成

図6　ニュージーランドの電力供給体制

付録

配電会社による小売と発電の兼業が禁止されたことから、配電会社は小売子会社を発電会社に売却した。

送電はECNZから完全分離された国有企業のトランス・パワーが、また、配電は配電専業となった、公営を中心とした配電会社29社が担っている。

○卸電力市場の動向

1996年10月に創設された卸電力市場（NZEM）は全量プール制で、ニュージーランド国内で発電されたすべての電力がこのプールで取引される。

卸電力市場は、発電電力量で見ると、ECNZから分離された国有のメリディアン・エナジー（Meridian Energy）が33%、ジェネシス・エナジー（Genesis Energy）が15%、マイティー・リバー・パワー（Mighty River Power）が15%を占めるほか、民営化されたコンタクト・エナジー（Contact Energy）が24%、新規事業者のトラスト・パワー（Trust Power）が５%を占め、これら5社で90%以上のシェアを占める。

○小売市場の動向

小売市場も、前述の卸電力市場同様、大手が大半のシェアを占めている。ジェネシス・エナジー26%、コンタクト・エナジー22%、マイティー・リバー・パワー19%、メリディアン・エナジー14%、トラスト・パワー12%と5社で、総需要家軒数の約9割を占めている。

自由化後、電気料金は上昇してきており、家庭用の平均料金（NZセント／kWh）は1975年の1.16NZセントから1994年には10.91NZセント、また2014年には27.82NZセントとなっている（1NZドル＝約80円、2016年1月末時点）。

○弱者保護対策

欧米の一部の国では、社会的弱者保護策として、政府が価格を低く設定した規制料金が存在する。しかし、ニュージーランドではこの種の規制料金は存在しない。

同国ではその代替措置として、小売事業者に対して、冬季の暖房需要で一気に増大する支払額の負担を軽減するための年間支払額を均等化する制度や、支払期間の選択肢（1週間ごと、2週間ごと、1カ月間ごと）を需要家に提供することが義務付けられている。

また、未払い需要家については、小売事業者はそれら需要家への供給を停止することができる。ただし小売事業者は、供給停止の少なくとも7～14日前に当該需要家に警告を発し、実際に供給停止する１時間前までに再度、警告しなければならない。警告の通知書には、小売事業者の問い合わせ先、供給停止に関する紛争解決手順、供給停止した場合に追加で必要となる費用情報が記載されていなければならない。また小売事業者は、当該需要家に対する供給停止について、弱者への雇用促進と経済的支援を管轄する労働収入庁に連絡しなければならない。

なお、未払いリスクを避けるため、多くの小売事業者は、契約時に需要家から約150NZドル（約1万2,000円）の保証金を徴収する。保証金は、12カ月間、期日通り支払いが行われた場合には、1カ月以内に需要家に返金されることになっている。

○需要家に対する供給義務

現在契約している小売事業者が倒産などで供給できなくなった場合、需要家は他の小売事業者から供給を受けられるようになっている。まず、規制機関は倒産する小売事業者の需要家に他の小売事業者に契約変更するよう要請する。規制機関の要請後も契約変更していない需要家については、規制機関は他の小売事業者にそれら需要家の受け入れを希望するか打診し、希望する会社がなければ、規制機関の判断で割り当てを行う。割り当てがあった場合、その会社は受け入れ義務を負う。

著者紹介

一般社団法人　海外電力調査会

海外電力調査会は、1958年に設立された非営利組織で、海外の電気事業の調査研究や、海外の関係機関・団体との交流を行っています。ホームページや出版物を通して日本の電気事業に役立つ情報の発信を行うとともに、海外研修生の受け入れ等国際協力の推進にも力を入れています。

HP： http://www.jepic.or.jp/

＊海外電力調査会の他の主な出版物
「海外諸国の電気事業　第１編」（2014年発行）
「海外諸国の電気事業　第２編」（2015年発行）
「海外電気事業統計 2015年版」　など

なお、本書の執筆に当たっては、当会内に「JEPIC小売自由化研究会」を立ち上げ、そのメンバーにより行いました。メンバーは以下の通りです。

JEPIC小売自由化研究会

【編集担当】
〈調査部門〉飯沼芳樹
〈編集局〉東海邦博
〈調査第一部〉松岡豊人

【執筆担当】
〈調査第一部〉安達陽平、石原愛、井上寛、上原美鈴、大西健一、
栗村卓弥、佐々木達、宍戸祥、髙井幹夫、
三上朋絵、森田馨
〈調査第二部〉栗林桂子

【編集協力】
〈ワシントン事務所〉奈良長寿
〈欧州事務所〉伊勢公人
〈調査第一部〉顧立強、中川雅之
〈調査第二部〉上嶋俊一、長江翼

世界の電気料金を比べてみたら
電力小売自由化研究ノート

2016年2月24日　初版第1刷発行
2016年6月17日　初版第2刷発行

編　者…………一般社団法人 海外電力調査会／編
発行者…………梅村　英夫
発行所…………一般社団法人日本電気協会新聞部
〒100-0006　東京都千代田区有楽町1-7-1
[電話] 03-3211-1555
[FAX] 03-3212-6155
[振替] 00180-3-632
http://www.shimbun.denki.or.jp/
印刷・製本……壮光舎印刷株式会社

本文デザイン　長谷川 碧（株式会社明昌堂）
カバーデザイン　萩原 睦（志岐デザイン事務所）
カバーイラスト・マンガ　石川 秀紀

ISBN 978-4-905217-53-4
C2030